切花菊“神马”

切花菊“神志 1”

切花菊“神志 2”

切花菊“辽菊1号”

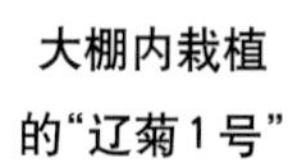

大棚内栽植的“辽菊1号”

切花菊单瓣型—1

切花菊单瓣型—2

切花菊大花内曲型—1

切花菊大花内曲型—2

切花菊半球型

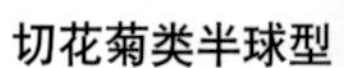

切花菊类半球型

“神马”出口标准侧面

花脖长，不符合出口标准的“神志”

钢架结构冷棚

连栋温室内进行切花菊生产

连栋温室内保温系统

节能型日光温室（内）

节能型日光温室（外）

日光温室内保温系统

温室后坡装苯板提高保温性

加温用的热风机

滴灌带一端与主管道连接

滴管带另一端用
铁丝固定在地上

安好滴灌后覆盖地膜

温室一侧的湿帘

平整土地

将消毒剂均匀撒于地表

用耙子将药剂翻入土中

覆盖地膜

高畦栽培

珍珠岩

蛭　石

草　炭

打完扦插孔的河沙

地面苗床扦插

穴盘育苗

扦插生根后的种苗

切花菊组培苗

工人按穴定植种苗

支撑网两端用竹竿固定

支撑网两端用铁管固定

剥侧蕾

切花菊选别机

扎捆形式：田间待入
冷库的出口切花菊

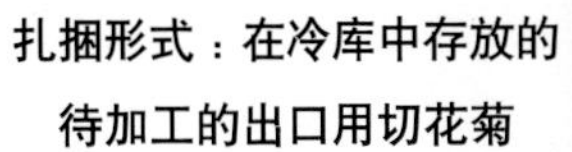

扎捆形式：在冷库中存放的
待加工的出口用切花菊

装箱形式：装箱前抹去底部叶片的出口切花菊

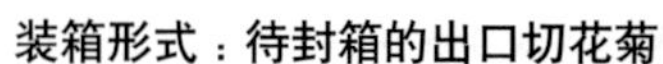

装箱形式：待封箱的出口切花菊

装箱形式：在冷库中存放的出口切花菊

切花菊保护地高效栽培技术问答

主　编

苏胜举　屈连伟

副主编

杨佳明　赵兴华

编著者

潘百涛　吴海红　裴新辉

张祖仁　崔玥晗　王伟东

邓　波　于　森　刘树彬

金盾出版社

内 容 提 要

本书由辽宁省农业科学院花卉研究所苏胜举等专家编著，全书以切花菊保护地高效栽培为基础，以问答形式对切花菊生产基本设施常识，切花菊生产中的土壤条件与土地管理，切花菊生物学特性，切花菊种苗生产，切花菊的生产管理，切花菊病虫害防治等技术要点、难点做了详细阐述。本书的突出特点是贴近切花菊生产实际，生产方法高效实用，语言通俗易懂，是一本能让广大切花菊生产者增收的良好教材，也可供基层种植技术人员阅读参考。

图书在版编目(CIP)数据

切花菊保护地高效栽培技术问答/苏胜举，屈连伟主编．—北京：金盾出版社，2014．1

ISBN 978-7-5082-8627-3

Ⅰ．①切… Ⅱ．①苏…②屈… Ⅲ．①菊花—保护地栽培—问题解答 Ⅳ．①S682．1-44

中国版本图书馆 CIP 数据核字(2013)第 187462 号

金盾出版社出版、总发行

北京太平路 5 号(地铁万寿路站往南)

邮政编码：100036 电话：68214039 83219215

传真：68276683 网址：www.jdcbs.cn

封面印刷：北京盛世双龙印刷有限公司

正文印刷：北京燕华印刷厂

装订：北京燕华印刷厂

各地新华书店经销

开本：850×1168 1/32 印张：4.125 彩页：16 字数：56 千字

2014 年 1 月第 1 版第 1 次印刷

印数：1～8 000 册 定价：10.00 元

前　言

切花菊(Chrysanthemum)是菊科菊属的多年生草本植物,是世界四大切花之一。切花菊在我国有悠久的栽培历史,也是最名贵的观赏花卉之一,与梅、兰、竹并称为花中四君子。

切花菊产业在美国、日本、荷兰、巴西等国最为发达。近年来,切花菊已发展成为国际商品花卉总产值中最高的花种。随着我国经济的快速发展,切花菊产业随之壮大,种植面积和产量迅速增长:2004 年切花菊的全国出口量为 1 300 万枝;2005 年达到 3 700 万枝;2007 年我国切花菊仅出口日本就达到 6 000 万枝。2008 年,受到全球金融危机的影响,切花菊出口量略有下降,但国内切花菊产业仍以异军突起之势,蓬勃发展。目前,我国切花菊产业已经形成以日、韩等国家为出口对象,以海南、上海、广州、青岛、大连等沿海地区为中心的出口基地群,并逐渐向内地延伸。

然而,我国的切花菊产品质量却不容乐观。很多花卉企业得不到正规的技术支持和切花菊生产技术培训，普通种植户更是管理不到位，生产不规范，产品质量差。很多花卉企业生产的切花菊曾打入日本市场，并受到消费者的认可，但是由于栽培技术更新不及时，产品质量不稳定，经常发生切花菊带有病虫而在日本港被熏蒸等情况，从而给国内花卉生产带来很大的损失。

本书详细阐述了出口切花菊生产中遇到的难题，从而指导切花菊生产者进行更好的生产。我们相信我国切花菊产业的整体经济效益、社会效益和生态效益日后必将大幅提高，在优化产业结构、促进城乡统筹发展、建设社会主义新农村和改善人民生活环境、提高人民生活质量等方面必将发挥越来越重要的作用。

编 著 者

目 录

一、切花菊生产基本设施常识

二、切花菊生产土壤条件与土地整理

三、切花菊生物学特性

四、切花菊种苗生产

五、切花菊的生产管理

六、切花菊病虫害防治

一、切花菊生产基本设施常识

(一)切花菊生产需要的主要大棚类型

1. 切花菊生产需要的主要大棚类型有哪些?

切花菊生产的设施主要包括:冷棚、节能型日光温室、连栋温室等。其中连栋温室又可分为塑料连栋温室和玻璃连栋温室。

2. 冷棚基本结构怎样?有哪些作用?

冷棚是指以拱架作支撑,上面覆盖塑料薄膜,跨度一般为6～10米、长度50～80米的单体塑料大棚。建造冷棚拱架材料,一般用钢管、竹片、竹竿等。在多风地区,竹木结构的冷棚跨度、长度要适当小一些,一般跨度为6～8米、长度50～60米。采用钢管做冷棚拱架,其抗风能力较强,冷棚跨度、长度可以适当加长,以提高冷棚的利用率和节省建造成本。

冷棚能够提高大棚内的温度,使北方地区的切花菊在早春、晚秋季节能够提前和延迟开花，并且使切花菊不受大风、雨水的影响，保证切花品质。一般冷棚棚架为竹木结构或钢架结构，外覆塑料棚膜，相对日光温室来说建筑成本低。冷棚内可根据实际需要加装遮阳网、滴灌系统，挂防虫板、防虫网、支撑网等。为保证切花品质，建议在裸地栽培的菊花的整个生育期使用冷棚。

3. 什么叫连栋温室？配有哪些设施？

连栋温室是单体拱棚的连体结构，一般每座连栋温室面积为 3 000～10 000 米^2。优点是自动化程度高，控制温度、光照、通风、灌溉能力强，集中连片便于操作管理，节省人工，适宜大规模集约化生产。

连栋温室一般配有遮光系统、补光系统、滴灌系统、降温系统、内保温系统、加温系统等。连栋温室作用与单体棚相同。

4. 什么叫节能型日光温室？有哪些优点？

节能型日光温室，简称日光温室，又称暖棚，是一种在室内不加热的温室，即使在最寒冷的季节，也只依靠太阳光来维持室内的温度，以满足作物生长的需要。日光温室东、西、北三面用保温材料垒砌，南面用钢骨架或其他材料进行支撑，上面覆盖塑料薄膜，外加保温被。

日光温室主要优点：

(1)保温性能好　一般温室条件下，室内温度要比室外高10℃以上。

(2)采光好 节能型日光温室屋面与太阳光照射呈60°～70°夹角，可以接受80%以上的太阳光照，完全可以满足切花菊正常生长发育的需要。

(3)提早和延后采收期 一般切花菊栽培品种花芽分化夜温需要10℃以上，低于10℃不能形成正常花芽。在春、秋较冷地区，一般设施条件下，早春或晚秋栽培切花菊，均不能正常进行花芽分化，而采用节能型日光温室栽培，可以满足切花菊花芽分化温度条件，从而延长采收期，实现1年2～3茬收获。

(二)节能型日光温室的外部构建

1. 节能型日光温室通常选用哪些建材?

北方地区建设节能型日光温室墙体主要有两种类型，一是砖石结构，二是黏土夯实。其中砖石结构需要在墙体中间夹装苯板等保温材料，以提高保温效果；大棚拱架多采用钢管、钢筋或竹木等，采用钢管、钢筋做拱架，温室使用寿命可达20年以上；采用竹木材料做拱架，一般使用寿命为5～6年，而且每年都需要维修更换架材。

2. 节能型日光温室地址选择注意事项有哪些?

建造节能型日光温室选地非常关键，一般应选择在地势较高、排水性能良好的地块。建设区域要求土壤肥沃，土质松散，透气性好，土层较深，保水保肥，水源无污染，交通便利等。

3. 节能型日光温室如何确定朝向?

建造节能型日光温室首先要解决采光问题，保证阳光充分照射，以利于增温和保温。一般节能型日光温室应为坐北朝南，东西延伸。为了增加光照时数，温室整体要偏西 5°～6°。特别是高纬度地区冬季夜温较低，为了保证室内夜间温度，要在关闭防寒帘以前有充足的光照，可适当加大温室偏西程度。

4. 节能型日光温室长度多少为宜?

一般日光温室的长度以 60～100 米为宜。温室过长不利于揭闭防寒被，同时也会增加卷帘机负荷，易造成卷帘机损坏；温室过短，室内温度变化较大，不利于作物生长，还会增加温室建设成本，不利于生产管理。

5. 节能型日光温室后坡长度多少为宜?

温室后坡既能起到保温作用，又能控制拱架的采光度。后坡过长，虽然保温效果好，但扩大了室内遮光面积，影响作物生长。后坡过短，虽然采光面积增加，但影响温室保温效果。因此，温室后坡长度要适当，做到二者兼顾。

一般节能型日光温室后坡长度在 1.8～2 米为宜。

6. 节能型日光温室后坡夹角多少为宜?

温室后坡与后墙连接决定了温室的稳定性和牢固程度,后坡水平夹角越小,温室的稳定性能越差。反之,后坡水平夹角相对加大,其温室的稳定性能越好。一般在东北、华北地区,节能型日光温室后坡与水平夹角在 50°～60°为宜。

7. 节能型日光温室后墙宽度多少为宜?

节能型日光温室后墙保温尤为重要,后墙宽度、保温材料直接影响温室的保温效果。在冬季寒冷地区,温室后墙宽度要相对增加或采用相对导热率较低的保温材料,以保证温室的保温效果。传统日光温室后墙多为土墙,一般墙体底部宽度为 1.5～2 米,顶部宽度 1～1.1 米,其保温效果可以满足一般农作物生长。现代节能型日光温室,一般后墙宽度为 0.5～0.6 米,多采用方砖砌筑,中间或外墙加挂 10～20 厘米苯板,其保温效果更理想,但温室造价相对增加。

8. 节能型日光温室前屋面坡度多少为宜?

节能型日光温室前屋面坡度的确定,主要以冬季太阳光入射角度而定。在我国北方地区整个冬季期间,太阳光入射角在30°～40°，要实现最大受光率，温室屋面需与入射光垂直，但在现实建造温室过程中无法实现。经过研究，温室屋面与太阳光呈60°夹角时，可保证温室透光率达到80%，故一般建造温室时保持温室屋面与地面呈60°夹角。

9. 节能型日光温室南北跨度多少为宜？

温室跨度直接影响建造温室所选用的材料和建设成本，跨度越大，温室拱架、墙体都要相应增高，选用的建材抗压性能也要增加。节能型日光温室，一般南北跨度以6～8米为宜。跨度越大，拱架需求也随之提高，温室保温面积也随之扩大，如果保温材料的保温效果达不到设计要求，将会导致温室保温性能降低。随着温室建造技术的改进和框架材料的发展，10米以上大跨度节能型日光温室已逐步在生产中应用。

10. 什么叫温室的高跨比？其数值大小对温室有什么影响？

温室高跨比是指温室的最高采光点到地面的垂直距离与该温室跨度的比值，即高跨比$=(h+S\times\sin\theta)/B$。其中h为后墙高度，S为后坡长度，θ为后坡仰角，B为温室跨度。

温室高跨比比值大小决定了温室的采光角度和日光温室的升温性能。节能型日光温室的高跨比，一般为

0.6～0.7。

11. 抛物线形日光温室屋面有哪些优点?

目前常见的节能型日光温室均采用抛物线形的屋面。抛物线形日光温室屋面主要优点如下。

(1)拱架坚实牢固 抛物线形拱架在抗风、抗雪载等方面比平面拱架负荷增加,固定性增强。

(2)透光性好 抛物线形日光温室屋面,在一天不同时间里,都可以充分接受阳光,保证作物的正常生长。

(3)便于温室屋面管理 抛物线形日光温室屋面可保证塑料膜与温室拱架充分接触,也便于压膜线的调整。另外,对开闭外保温被也十分有利。

12. 节能型日光温室屋面通风口怎样设置?有什么好处?

节能型日光温室屋面通风口应设两道,分别为底风口和顶风口。底风口设在温室屋面前部1.0～1.5米处,顶风口设在温室屋面最高点前0.6～0.8米处。底风口设置主要考虑在早春或晚秋温室通风时,避免冷空气直接吹到作物引起冷害。顶风口设置主要考虑能够充分散失温室内部产生的热气和湿气,起到快速降温效果。

屋面通风口的合理设置有以下优点。

(1)操作比较方便 当温室需要通风时,可直接将底风口塑料膜向上推移。风口开闭大小,可根据室内温度高低进行调整。顶风口一般采用卷杆传动系统进行开闭,需要开闭时,只需拉动转杆即可完成,操作十分便捷。

(2)通风效果好 底风口和顶风口同时打开,可在温室内形成空气对流,在短时间内可将室内温度、湿度迅速降低,保证作物正常生长。

(3)封闭性能好 两个通风口均通过开闭塑料膜完成,通风口关闭时,两层塑料膜可以充分结合,能防止温室漏气,增加保温效果。

13. 屋面覆盖采用何种塑料膜?

温室屋面覆盖的塑料膜应具备:透光率高、保温效果好、防雾、无滴、长寿等功能。一般为聚乙烯或聚氯乙烯膜,厚度为0.008～0.012毫米(8～12道),具有散射光作用的效果更好。

14. 温室防寒沟的作用及规格是怎样的?

温室防寒沟主要作用是可以有效阻止土壤热量的横向传递,防止温室外冻土寒气向温室内传导,起到保温、隔热作用,有利于室内地温的提高。防寒沟一般都设在棚外,挖在温室的前面,也就是在温室的前沿30厘米左右挖一道沟。防寒沟宽度一般为0.4～0.5米、深度为0.8米,并在防寒沟内填充吸湿性小、导热率低、整体性好的隔热材料,如苯板、玉米秸、稻草等。

(三)温室内部的主要设施及应用

1. 生产切花菊的温室需具备的设施条件有哪些?

目前用于切花菊生产的主栽品种,均属于光敏型或积温型。栽培光敏型切花菊品种时,必须满足有效温度和特定的日照条件,才能保证切花菊正常开花。栽培积温型切花菊品种时,必须达到相应的有效积温,切花菊才能正常开花。因此,在从事切花菊周年生产时,温室需要配备一些必要的设施设备,主要包括灌溉设施、施药设备、遮光设备、补光设备、加温设备、保温草苫设备、花网等。

2. 温室冬季取暖一般有哪些方式?

北方地区开展冬季切花菊生产,温室必须具备保温、加温设施。保温设施主要以薄膜外加盖保温被、草苫等,加温设施主要有热风炉、煤气罐、煤炉、锅炉等供暖方式。在规模化栽培时,以锅炉供暖方式最为普遍,而普通一家一户的零散生产,通常使用地炉、热风炉供暖,以燃煤为主,可以降低生产成本。一般每 667 米²温室使用 4～6 个地炉或 2 个热风炉。

3. 温室锅炉供暖有哪些好处?

在集中连片切花菊生产地区,在冬季栽培大多采用集中锅炉供暖,其好处如下。

(1)便于调控温度 在每栋日光温室内安装流量调控阀,可根据每栋温室栽培的切花菊生长期进行温度调控,减少能量的损耗。

(2)保持室内湿度 利用锅炉进行温室供暖,减少温室内外空气流动,可保持温室内的湿度,有利于切花菊的生长。

(3)室内温度比较均衡 锅炉供暖大多为水暖,在锅炉停止供暖后,留存在暖气管道中的热水仍能继续向外散热,给温室供暖,不会出现温度变化剧烈现象。

(4)保持室内清洁 采用锅炉供暖,不会在温室内产生粉尘,对提高鲜切花质量十分有利。

4. 热风炉采暖有哪些特点?

热风炉采暖是指在温室内加装热风炉,利用燃煤或燃油直接加热空气,从而实现给温室加温的目的。热风炉采暖有以下特点。

(1)升温快 利用热风炉空气循环系统在温室内部产生空气环流,可很快提高温室内温度。

(2)节省能源 利用热风炉给温室加温,与锅炉供暖相比,一般可节省燃料 30%～50%,从而降低生产成本。

(3)设施简便 利用热风炉供暖可以省去各种管道系统,降低设施建设费用。

(4)降低室内空气湿度 热风炉设置在温室内部,炉内燃料燃烧时产生的热气可直接排出室外,产生空气外循环,从而降低室内空气湿度,减少病害的发生。

(5)管理不便 冬季供暖时需要不断给热风炉添加燃料,只能单体供暖,无法实现集中供暖。

(6)室内灰尘大 在给热风炉添加燃煤时,往往产生许多烟尘,影响植株的生长和产品质量。

5. 什么是蒸汽炉供暖?

蒸汽炉供暖是指利用低压锅炉将水加热成蒸汽,再通过各种管道将蒸汽传输到温室内,实现给温室加温。采用蒸汽炉供暖设施造价高,适宜集约化大面积生产。蒸汽炉供暖特点是加热快,余热少,停炉后加热系统温度迅速下降,并且对锅炉和水质要求高,容易产生局部高温。

6. 冬季生产中其他提高温室温度的措施有哪些?

温室冬季生产加温成本约占总成本的50%以上,如能实现不用燃料或少用燃料供暖也可保证切花菊正常生产,从而可以降低生产成本,提高经济效益,减少烟尘对环境的污染。

目前生产上采用的提高温室温度主要方法如下。

(1)提高温室透光率和照射时间 提高温室透光率主

要通过使用透光率和保温效果较好的薄膜，并且在进入冬季前对棚膜外的灰尘和杂物进行彻底冲洗，充分利用太阳光热能提高温室温度。延长阳光照射时间，主要是在温室建设时，将温室走向向西偏斜 5°～10°，可以延长阳光照射时间 1 小时左右，使夜晚温室保温效果显著。

(2)增加自然升温设施　利用太阳能热水系统或在温室内部放置一些吸热物体：比如大的水袋，将其放置在温室的北侧或者用铁架子固定在后坡上（放置的数量可根据加温的需要来调整），使其在白天充分吸热，夜晚在温室内部散热，以提高室内温度。

(3)提高温室保温效果　影响温室保温效果因素主要有：温室建造材料、温室结构、密闭性等。建造温室时应选择导热率低的建筑材料，如苯板、空心砖或在墙体外培土等都可以起到良好的保温作用。在建造温室时，应使温室长、宽、高比例适中，室内空间不宜过大，有条件的可以在室内增加一层保温膜，能够明显提高室温。温室密闭性对温室保温性能尤为重要，特别是在内外温差超过 30℃以上地区，夜晚要将门窗、通风口封闭好，防止内外空气流通，减少热量散失。

7. 温室灌溉有哪几种方式？各有哪些特点？

切花菊生产的灌溉方式主要有 3 种，即漫灌、滴灌和喷灌。

漫灌是指利用水泵等设施将水直接输入到切花菊栽

植沟。此种灌溉方式优点：给水充分，设施简便。缺点：水浪费严重，不易控制浇水量，长期漫灌会破坏土壤结构，造成养分损失和土壤板结，灌水过多还会影响根系生长，造成局部烂根。

滴灌是指通过供水管路和滴头，将水以水滴形式滴到切花菊根部。此种灌溉方式优点：一是滴灌比漫灌节省水资源50％以上，能够较精确控制用水量；二是供水均衡，维持土壤水分状况稳定，受环境影响小，有利于各季节地温的提高；三是保持土壤结构，有利于养分的释放，提高肥料利用率，减少肥料对环境的污染，有效提高作物的产量和品质。缺点：出水口易堵塞，需要经常清洗过滤器。滴灌系统一般由贮水池、过滤器、水泵、加肥系统、输水管线、滴灌带构成。在滴灌系统使用井水、河水、湖水时需要高效过滤器，以免出水口堵塞。

喷灌是指通过管道系统和水加压系统，将水喷射到温室内空间，从而实现给作物供水。此种灌溉方法优点：夏季可为温室降温，增加温室湿度，喷灌均匀，节水，不会破坏土壤结构。缺点：需要配备压力泵，设施造价相对高。喷灌装置一般分为两类：固定式喷灌、移动式喷灌。在切花菊生产过程中一般使用固定式喷灌。室内移动式喷灌则在育苗生产中常用。

8. 温室夏季降温有哪几种方式？

高温季节温室需要进行降温，常用的降温方式有通风换气、加盖外遮阳网、室内喷淋、湿帘等。通风换气主要通过开启底风口和顶风口，使其上、下产生空气对流，将室内热空气交换到室外，从而实现对温室的降温。加盖外遮阳网主要是通过遮阳网的遮光作用，减少阳光的照射，降低室内温度。室内喷淋主要是利用温室内的喷灌系统，间歇进行喷灌，利用水汽降温。湿帘降温是指在温室一侧墙体安装湿帘，另一侧安装风机，利用风机产生的负压带动空气流通，把通过湿帘的温度较低的空气引入温室，从而实现温室降温。

9. 遮阳网的选择和使用方法有哪些？

遮阳网是温室生产常用的遮阳降温设备，遮阳网型号较多，不同规格、不同颜色的遮阳网，其遮光率和降温效果不同。目前切花菊生产主要采用的遮阳网为黑色和白黑双层两种，透光率一般为 50%～70%。黑色遮阳网本身材料吸热，只能遮去阳光，降温效果较小，而白黑双层遮阳网，展开时白色一面向上，可以将部分阳光反射，降温效果更明显。生产中多数采用外遮阳系统，即利用卷帘机支架安装固定式滑轮，下部固定在温室的地脚，根据阳光照射程度进行开闭遮光。

10. 什么是湿帘风机降温？

湿帘风机降温是指在日光温室西侧墙安装 3～5 米^{2}湿帘（一般由特制的蜂窝纸板和回水槽组成），在温室东侧墙安装一台风机,通过风机转动在温室内产生空气负压,使温室内温度较高的空气向外排出,通过湿帘降温系统为空气降温,实现温室降温。湿帘风机降温是目前温室生产中最为先进的降温系统,不仅降温效果好,而且还可以提高温室空气湿度,有利于作物的生长,但设施造价和运行成本较高。需要注意的是水帘一端与湿帘一端距离不能太远,否则会影响降温效果,一般距离控制在 45～65 米。

11. 什么是流水喷淋降温?

流水喷淋降温是指在温室顶部安装喷淋系统,将冷水喷淋在温室薄膜表面,通过水分蒸发和流动直接散失薄膜的热量,从而降低温室内温度。从温室屋顶流下来的水经过收集后流入蓄水池,经冷却后可重复使用。

12. 防虫网有哪些作用?怎样选择和使用?

防虫网主要是防止外部害虫侵入温室内部危害植株的生长,从而减少防虫施药次数。防虫网主要安装在通风口处,一般采用 40～50 目规格的防虫网,如超过 100 目,则影响温室通风。选择防虫网时,应选择正规厂家生产的品牌产品,可以保障其使用寿命。防虫网在使用时应事先安装在通风口或窗口的外侧。

13. 切花菊拉网有何作用?

国内市场上销售的切花菊产品，一般茎秆高度为80～90厘米，而且茎秆要求直立，弯曲度不能超过5°，超过5°的切花菊产品视为不合格。故在切花菊生产过程中，需要进行拉网栽培，并随着植株的生长，不断提升拉网高度，保证植株始终直立生长。

14. 怎样选择拉网?

首先要确定切花菊销售对象和对产品的要求，来确定网格的大小。一般内销切花菊产品要求质量相对较低，栽植时密度可以加大，所使用的网格相对要小些。出口切花菊生产，产品质量要求较高，植株的栽种行距相对要大些，选择的拉网网格也要大些。常见的网孔为10厘米×10厘米或15厘米×15厘米。一般在畦的两端竖起立杆或支架，两侧也需立杆。定植后将支撑网贴近小苗挂好，花苗生长一段时间后会自然的钻入网格，部分花苗需要人工辅助入网。随着植株向上生长，将网不断提高，使用时注意将网孔水平绷紧，保证每一个网孔都充分张开，有条件的也可购买钢质或铁混合材料制成的支撑网，其特点是网眼规矩，易于使用，形象好，但成本较高。

二、切花菊生产土壤条件与土地整理

(一)切花菊栽培中的土壤要求

1. 切花菊栽培的主要土壤类型有哪些?

栽培切花菊主要土壤类型可分为:沙壤土、红壤土、壤土、黏土四种类型。沙土是指含沙量占80%,黏土占20%左右的土壤。壤土指土壤颗粒组成中黏粒、粉粒、沙粒含量适中的土壤。沙壤土就是介于壤土与沙土之间的土壤。红壤土是指中亚热带高温、高湿条件下,由中度富铁铝风化作用形成的酸性至强酸性、含一定铁铝氧化物的红色土壤。黏土是指粒级在0.001~0.004毫米的沉积物形成的土壤。壤土一般土层深厚,土壤质地较轻,通透性好,土壤中性。黏土含沙粒很少、有黏性,水分不易流动,保水性能好。

2. 哪种类型土壤最适合切花菊生产?

切花菊属于浅根系作物,生长量大,需要有机质含量较高、耕层深厚、通透性良好、含盐量较轻的土壤。最为理想的土壤应为壤土，如果选择其他类型土壤，可以适当进行改良，采取增施有机肥、调节土壤孔隙度和酸碱度等方法提高土壤肥力，以满足切花菊生长的需要。

3. 切花菊要求的土壤 pH 值和土壤含盐量各是多少？

切花菊生长所适应的土壤 pH 值范围较广，但要想生产出高质量切花菊产品，就必须保证土壤最佳的 pH 值和土壤含盐量(EC 值)条件。一般土壤的 pH 值应在 6.5～7.5 之间，即偏酸或中性；EC 值应小于 2.5 毫西/厘米，EC 值过高将会出现盐中毒现象。

pH 值的测定：取 5 克风干的土样，加入 25 克中性的蒸馏水(pH 值＝7.0)，研磨搅拌 20 分钟，静止沉淀后，用精密 pH 试纸(最好是用酸度计)测试上清液的 pH 值，即为土壤的 pH 值。EC 值的测定：从 3 个不同的基质采样点各取 1 份土样，每份土样 50～100 克。用天平称量每份土样，为便于计算加水量，以 3 份土样同为 50 克或 100 克为宜。土样称量好后，分别倒入 3 个烧杯中。以 2 比 1 的水土比例，用量筒量取蒸馏水，分别倒入已装好基质样本的烧杯中。用 EC 计测定滤出液，记录所得的数据。

4. 切花菊生产要求的土壤有机质含量是多少？

有机质含量是衡量土壤肥力的重要指标。切花菊具有较强的适应性，选择在疏松肥沃、富含有机质、通气透水性良好的壤土进行栽培，不仅植株生长健壮，而且优质品率将大大提高，因此，土壤有机质含量对切花菊生产至关重要。一般土壤有机质含量要达到5%以上。

5. 怎样对较黏重土壤进行改良？

黏重土壤通透性差，栽培切花菊时必须进行土壤改良。生产上较常用的方法是增施有机肥、客土等。有机肥可选用牲畜粪、秸秆、蘑菇肥、珍珠岩、稻壳、中药渣、腐熟木屑、煤渣等基质来增加土壤孔隙度。客土主要用沙土、山皮土等颗粒状土壤进行掺拌，掺拌量在30%左右，以改善土壤理化性质，提高土壤肥力。

（二）切花菊栽培中的土壤消毒

1. 为什么切花菊重茬栽培需要对土壤消毒？

有害病菌在土壤中多年存活，生长条件一旦适宜，即可发病危害作物。多年切花菊温室重茬栽培，往往会造成土壤有害病原菌、害虫卵大量积累，导致切花菊生产病虫害危害严重，甚至绝产绝收。进行土壤消毒既可有效杀灭土壤中有害病原菌，又能保证切花菊连续生产。

2. 土壤消毒的方法有哪些？

土壤消毒主要有物理方法和化学方法 2 种。物理方法是利用高温进行杀菌，一般采用高温闷棚、蒸汽、热水进行土壤消毒。化学方法是通过化学药剂熏蒸进行土壤消毒。一般将化学药剂注入土壤下 10～15 厘米或把药剂施于土壤表面，然后用塑料膜密封一定的时间后，即可达到土壤消毒目的。

3. 常用的土壤消毒剂有哪些？

在切花菊生产上，常用的土壤消毒剂有氯化苦、溴甲烷、棉隆（垄鑫、必速灭）、噁甲合剂及高锰酸钾等。

4. 如何确定采取哪种土壤消毒法？怎样操作？

在土传病害较轻的地块，可以采用物理方法进行土壤消毒，既可降低生产费用，又能减少化学药剂对环境的污染，应大力提倡。常用的土壤物理消毒方法为高温闷棚，即在夏季高温时期，将整个温室进行封闭，然后利用阳光照射使温室内升温，坚持 5～7 天即可杀灭 90％以上有害病原菌，方法简便易行。

在土传病害发生较重地块，应采用化学方法进行土壤消毒。常用的土壤消毒剂消毒效果由强到弱依次为氯化苦、溴甲烷、棉隆、噁甲合剂、高锰酸钾。对于土传病害较轻地块,采用高锰酸钾、噁甲合剂等进行消毒处理。噁甲合剂又称博雅土净,是由丙烯酸、噁霉灵、甲霜灵三元复配的杀菌剂,具有内吸性、高效、低毒、广谱,兼有保护和治疗作用。植物吸收后还能增加根的分蘖能力和根毛数量,促进根系发育和植物生长,增强植物对病害的抵抗力。苗床消毒时,每平方米用药剂 1～2 毫升配成 1 000～1 500 倍液,均匀喷洒,或拌细土 5～6 千克均匀撒入土壤中,然后播种或移栽,可防治土传病害。苗床在翻土做床整地后,使用 0.1%～0.5%高锰酸钾溶液喷洒浇透,用薄膜盖闷床土 2～3 天,揭膜后让苗床稍微晾干些再进行播种或扦插。

发病中等程度的地块,采用棉隆、溴甲烷等进行土壤消毒效果良好,成本较低,经济有效。棉隆常温条件下为白色粉末,是一种高效、低毒、无残留的环保型广谱性综合土壤熏蒸消毒剂。棉隆施用于潮湿的土壤时,在土壤中分解成有毒的异硫氰酸甲酯、甲醛和硫化氢等,迅速扩散至土壤颗粒间,有效地杀灭土壤中各种线虫、病原菌、地下害虫及萌发的杂草种子,从而达到清洁土壤的效果。施用方法是先进行旋耕整地,然后将棉隆粉末均匀撒于地表,每 667 米^{2}用量 20～24 千克,用耙子使药物和土壤充分混合,适量浇水,保持土壤湿度在 60%～70%,覆盖塑料薄膜密封 20 天以上,揭开膜通气 15 天后进行播种。

对多年重茬,发病严重的地块,采用氯化苦消毒效果良好。施药时间在播种或栽植前 50 天以上为宜,否则将对种苗造成药害。施药前土壤温度在20℃以上、湿度60%左右为宜。采用注射法施药,即使用大型的注射器将氯化苦原药注入土壤中,每30厘米×30厘米注射1针,每针2～3毫升,每667米^{2}用药量一般为14～22千克。针头入土深度为15厘米,施药后密封注入孔,立即用塑料薄膜覆盖,20天后揭膜散气,等30天后,待药剂全部散尽再进行切花菊种苗定植。要注意的是,氯化苦的毒性较强,所以氯化苦消毒一般由专业人员操作。施药时动作要熟练,施药后立即盖膜,揭膜后一定要通风散气30天以上再栽种切花菊种苗,如果消毒时地温较低,要延长地膜覆盖时间。

(三)切花菊栽培中的畦面选择

1. 切花菊有几种栽植方式？各有哪些优缺点？

切花菊栽植方式主要有高畦栽培和低畦栽培两种。高畦栽培即将畦面做成高于地面15～20厘米的栽植床,然后在畦面上进行定植,畦与畦之间留有30～40厘米作业通道。优点是有利于排水,可以提高地温;缺点是较费工,必须安装滴灌、喷灌等给水设施,增加生产投入。低畦栽培即在畦面周围叠成畦埂,定植面低于畦埂10厘米左右。优点是整地比较简单、灌水方式灵活,有利于灌水;缺点是不能及时排水,容易出现根系腐烂现象,不利于地温的提高，尤其在冬季，大水漫灌后，地温不能很快的提升，影响植株的生长，不适于露地和冬季生产。

2. 怎样合理选择栽培方式？

在地下水位比较高、土壤黏重、排水不良和低洼的地块，应该采用高床栽培，而在地下水位较低、土壤耕层较深、排水良好和地势较高的地块，可采用低畦栽培，以降低设施投入。

3. 畦面规格为多少？

采用南北走向栽培切花菊，一般畦面规格为宽度不超过 100 厘米，过道宽度 30～40 厘米，便于通风透光。畦长可根据温室的跨度而定，一般为 7～10 米。采用东西走向栽培切花菊，畦长一般为 30～50 米，过长不利于生产作业。如果采用漫灌方式浇水时，还应注意保持畦面的平整和微小坡度，使水能够从一端流向另一端。

三、切花菊生物学特性

（一）切花菊形态特征

1. 菊花属于何类植物？

菊花属于植物界，被子植物门，双子叶植物纲，菊目，菊科，菊属的多年生草本植物。

2. 菊花植株由哪几部分组成？

菊花植株由根、茎、叶、花序、果实组成。菊花根为浅根系，主要分布于土壤20厘米以内的表层，无明显主根；茎主要支撑、连接各器官，输送养分和水分，为半木质化五棱茎，一般花茎直径小于1厘米；叶为五裂椭圆形；花为多头伞状花序，市场上销售的切花菊产品可分为单头和多头切花菊，花朵是评判切花菊商品性的重要部分。菊花一般为异花授粉，果实为瘦果。菊花用种子繁育会产生变异，种子仅用于选育新品种，生产上主要采用无性繁殖方法。

3. 花朵由哪几部分组成？雌、雄性如何区分？

菊花的花朵由花被（萼片或苞片）、花托、花瓣组成，花瓣又分为舌状花瓣和管状花瓣。菊花的舌状花是单性花，具有雌蕊，生于花序的外缘，色彩丰富，是观赏的主要部位。菊花的管状花又叫筒状花，具有完整的雌、雄蕊，为两性花，生于花序中心部位。舌状花瓣数量与管状花瓣数量的比值是衡量菊花重瓣性的指标，比值越小重瓣性越高。

4. 切花菊的主要观赏部位是什么？

独轮菊如“神马”、“深志”、“优香”等，它们的主要观赏部位是舌状花瓣；小菊和多头菊的主要观赏部位是整个花序，如“公子”、“小红娘”和托桂型切花菊“辽菊1号”等。

5. 切花菊的根系生长习性如何？

用种子繁殖的实生苗菊花具有主根，主根生出侧根就形成完整的直根系。而生产上切花菊主要采用扦插繁殖方法，其根系为无主根的须根系，根系水平分布较广且入土较浅，属于浅根系。因此，吸附力较差，易倒伏，尤其在进行出口切花生产时，要求切花菊在田里的高度达到100～110厘米，为此需要采用切花菊支撑网保证茎秆直立。切花菊根系耐旱忌涝，在水中浸泡3小时植株即开始死亡，一般切花菊根系的旺盛生长时间在5个月左右，须根将随着茎的枯萎而死亡。

(二)切花菊与我国传统盆栽观赏菊的差异

1. 在花瓣形状上二者有何差异?

切花菊的花瓣一般为短、平形状或稍有向内弯曲;而我国传统的盆栽观赏菊的花瓣大多较长,形态各异,有各种弯曲、钩、刺或扭曲。

2. 在茎秆上二者有何差异?

切花菊的茎秆要求笔直、叶片均匀,内销长度 80 厘米以上,出口长度 100 厘米以上;而我国传统的盆栽观赏菊一般茎秆较短,并且都有一定的弯曲。

3. 在叶片和托叶上二者有何差异?

切花菊一般叶片均匀且不大,托叶相对较大;我国传统的盆栽大菊叶片都比较大,托叶一般很小。

4. 在花期上二者有何差异?

切花菊需要周年供应生产,因此生产上必须进行设施改造,以满足切花菊花芽分化的需要,目前切花菊已实现周年生产;我国传统的盆栽观赏菊可分为积温型和光敏型两种,自然条件下,积温型菊花开花时期为7～8月份,光敏型菊花开花时期为10～11月份,与栽培的切花菊无明显差异。

(三)切花菊的类型

1. 切花菊根据花序大小一般分为哪几种?

以花序大小分类,一般把切花菊分为3类:花朵直径在10厘米以上的叫大菊;花朵直径在6～10厘米的叫中菊;花朵直径在6厘米以下的叫小菊。

2. 切花菊根据花朵形状一般分为哪几种?

以花朵形状分类一般把切花菊主要分成3类:半球型及类半球型、单瓣型和大花内曲型。半球型及类半球型,此种切花菊包括大菊和小菊,特点是花朵中的舌状花瓣极多,并规律地排成半圆形球面,而中间的管状花瓣不显露。单瓣型,又叫雏菊型,此种切花菊只包括多花型切花菊,特点是舌状花瓣只有1～2层,着生于花序的外围,中间管状花瓣极多,有的突起呈垫状。大花内曲型,此种切花菊只包括大菊,特点是以舌状花瓣为主,越靠近外围的花瓣越长,并稍向内弯曲,初花期和盛花期都不露出管状花瓣,是目前产销量最大的切花菊类型。

3. 切花菊根据自然花期一般分为哪几种?

按自然花期分类,一般把切花菊分成春菊、夏菊、秋菊和寒菊四种类型。自然花期分别为 4～5 月份、6～9 月份、9～10 月份和 11 月份至翌年 2 月份。一般春菊的定植时期为 11 月下旬至翌年 1 月份,需在温室内栽培;夏菊定植多在 2～3 月份,前期需要供暖,也有的夏菊品种可以直接在 4 月初定植到露地;秋菊的定植期为 5～6 月份,可在露地也可在塑料大棚内栽培;寒菊定植期为 7～8 月份,前期不需供暖,但必须定植于温室内。

四、切花菊种苗生产

（一）切花菊扦插育苗

1. 何谓切花菊扦插繁殖法?

利用切花菊嫩梢易生根特性，剪留7厘米左右嫩枝插到基质中，使其生根，形成植株个体的繁殖方法称为切花菊扦插繁殖法。插穗摘除基部2～4片叶片（3厘米左右），保留1～2片成龄叶片及2～3片小叶，剪口应接近节的下端。扦插是切花菊种苗繁殖的基本方法，适合于大批量工业化种苗生产。一般在3月中旬至7月中旬进行，但在完善设施条件下可周年扦插。

2. 切花菊扦插育苗常用的基质有哪些?

切花菊扦插育苗采用的基质很多，常用的有草炭、珍珠岩、蛭石、河沙等，少量扦插时也可直接插到土壤中。

3. 珍珠岩作为切花菊的扦插基质应如何选用?

珍珠岩具有良好的透气性,但其表面常有碱金属离子附着,可导致切花菊不易生根,所以在使用前必须彻底清洗。

4. 蛭石作为切花菊的扦插基质应如何选用?

蛭石按用途可分为保温蛭石、园艺蛭石、香芬蛭石和孵化蛭石四种,切花菊的扦插基质应选用园艺蛭石。园艺蛭石按颗粒的大小一般分为1～5个型号,应选择3号或4号作为切花菊的扦插基质。蛭石中含有植物必需的矿质元素,如钾、锰、镁。但应注意的是,蛭石的吸水性极强,基质含水量过高极易导致切花菊根部腐烂,大大降低扦插成活率。尤其在夏季生产时,必须加入珍珠岩,以增加基质的透气性。

5. 草炭作为切花菊的扦插基质应如何选用?

草炭又名泥炭,主要由未被彻底分解的植物残体、腐殖质以及一部分矿物质组成,有机质含量在30%以上,质地松软易散碎,具有良好吸气性。草炭作为切花菊的扦插基质时应彻底消毒(方法参见土壤消毒部分),保证不含活的病菌、虫卵或直接购买已经灭菌消毒的草炭。草炭的吸水性也非常强,水量过大也会引起切花菊根部腐烂。另外草炭中含有大量的有机质和植物残体，不利于插穗的扦插作业，在实际生产中通常掺入一定比例的珍珠岩、蛭石、河沙等，以改善基质的通透性。

6. 河沙作为切花菊的扦插基质应如何选用？

河沙是切花菊扦插的常用基质，价格低廉又容易获得。河沙通常分为粗沙、中沙和细沙，在切花菊扦插时应选用中沙和细沙，不宜使用粗沙。河沙应清洁，无污染，不含泥土，在使用前应用筛子筛除石子等杂质，保持河沙颗粒均匀一致，即可使用。

7. 切花菊规模化扦插育苗时首选扦插基质是什么？

目前在进行大规模切花菊扦插育苗时，首选扦插基质应为河沙，河沙具有取材容易、价格低廉、便于操作、透气性强、杂菌含量少等优点，既适合大规模出口菊花又适合农户小规模推广，是切花菊扦插育苗的理想基质材料。

8. 切花菊扦插床有几种形式？可移动台床有哪些优点？

切花菊扦插床主要有两种形式，即地面扦插床和离地扦插床。地面扦插床主要是用砖或泥土垒砌畦埂，在畦埂内填满扦插基质，此种插床投资较少，便于操作。离地扦插床是利用固定钢架将插床提高 1 米左右，然后搭建可移动或固定式插床，此种插床便于生产管理，可以有效提高地温，有利于花苗的生长，温室利用率较高，但投资较大。

可移动台床一般宽为1.7～1.8米，台床高为0.8～1米，长度可根据温室设施条件确定，一般为10～30米，过长不利于台床的移动。移动式台床主要有以下几方面特点。

(1)覆盖率高 一般可移动式台床仅留40～50厘米移动空间，台床覆盖率都可达到90%以上，比固定式台床提高30%左右。

(2)扦插基质温度较高 由于台床充分暴露在空间，上、下均可接受空气中的热量，从而有效提高了扦插基质的温度，对接穗生根十分有利，特别是早春进行切花菊扦插时，生根时间可比地面插床提早3～5天。

(3)便于操作管理 由于台面高于地面1米左右，正好适宜操作者扦插，可提高工作效率30%以上。

(4)提高扦插次数 利用可移动式台床进行切花菊扦插，一般在一个扦插季节里可完成4～5次扦插任务，比地面扦插多1～2次，从而提高了温室的利用率。

9. 日光温室进行切花菊扦插育苗采用何种扦插床?

日光温室是北方地区主要的切花菊生产设施，突出特点是升温快、保温性能好，非常适宜早春或晚秋进行切花菊育苗。利用日光温室进行切花菊扦插育苗，一般采用地面扦插床，以河沙为扦插基质。由于基质与土壤相连，可以缓解基质的温、湿度变化，有利于插穗生根。在气温较低的地区和季节，还应在扦插床底部加装加温装置。如外界温度偏低，而插穗温度略高于外界温度，则有利于加快插穗的发根速度。切花菊扦插适宜的环境温度为白天22℃～25℃，夜间为18℃～20℃。加温装置多采用电热线，要注意插穗的根部不要与电热线过近，防止因温度过高而受到伤害。

10. 地面扦插床规格应是多少？

确定地面扦插床的规格，首先要考虑扦插育苗时的各项作业和提高扦插速度。一般插床宽为80～90厘米、深为10～15厘米，可采用南北走向或东西走向，长度根据棚室的实际情况而定，但也不能过长，最好控制在30米以内。过道宽24～30厘米，一般用砖垒砌或直接用土叠成。

11. 为何要在地面扦插床底部铺一层塑料膜？

在地面扦插床填充河沙之前需要铺一层塑料膜，将地面与插床内的河沙隔开，其主要目的是为了防止植株根系生长到土壤中，避免起苗时伤根，影响成活率。同时，防止病虫从土壤中侵入，影响扦插基质使用寿命。

12. 切花菊沙床扦插密度是多少？

切花菊扦插密度直接影响种苗质量和生产经济效益，过密，插穗没有足够的生长空间，将会导致生根缓慢、植株发育不良，种苗达不到标准要求。过稀，影响单位面积出苗率，导致经济效益降低。因此，确定合理的扦插密度尤为重要。生产上标准切花菊扦插密度为株距3厘米，行距4～5厘米。

13. 切花菊穴盘扦插有何优点？

采用穴盘进行切花菊扦插优点如下。

(1)距离整齐一致 由于穴盘穴距相等，每穴扦插1株，保证了每个单株具有相等的生长空间，使植株生长整齐一致。

(2)移栽时不伤根 在进行穴盘苗定植时，一般将种苗连同基质一起拔出，避免了种苗根系伤害，定植后缓苗快。

(3)便于操作和计算株数 切花菊进行穴盘扦插时，可直接进行扦插，不需要打眼，大大提高了扦插速度；另外，每个穴盘孔数固定，根据穴盘数即可计算出扦插株数，便于搬运和定植。

14. 哪种穴盘更适宜切花菊扦插？

目前市场上销售的育苗盘种类繁多，多数是根据蔬菜育苗设计的，一般育苗盘孔数为32穴、50穴、72穴、105穴、128穴、200穴和288穴等，孔穴少适宜育大苗。切花菊扦插苗苗龄仅为12～15天，植株体属于中等，选择大穴苗盘不仅浪费台床面积，而且还增加生产成本，因此选择合适苗盘对切花菊扦插十分重要。生产上，一般选用 105 或 128 孔的育苗盘，即可满足切花菊种苗生长的需要。

15. 如何配制穴盘苗扦插基质？

穴盘苗扦插基质有别于台床苗扦插基质，其主要是因为每穴空间较小，易受外界影响，如果扦插基质达不到要求将阻碍切花菊种苗生根及生长发育。穴盘苗扦插基质应具有通透性好、保湿、含有丰富养分等特点。在自然界中，单一基质很难具备这些条件，因此需要进行人工配制。生产上常用的配制穴盘苗基质材料是草炭土、珍珠岩和蛭石。配制比例为 6∶3∶1，充分混合拌均匀后喷施杀虫、杀菌药剂，杀虫剂可用 50%辛硫磷乳油 1 000～1 500 倍液，杀菌剂可用 50%多菌灵可湿性粉剂 600～800 倍液。用塑料膜将基质密封，翌日即可装盘使用。

16. 如何防止切花菊插穗折断？工具钉板如何制作？

切花菊扦插接穗为嫩梢，非常容易折断，在进行扦插时必须先在基质上打眼，然后将插穗插入眼中。生产上主要采用钉板打眼方式进行基质打眼，即在木板上按一定距离钉入铁钉，然后将木板平压在基质表面，使基质形成固定距离的孔眼，按孔眼进行扦插，即可防止切花菊插穗折断。

钉板制作材料主要有木板、铁钉，木板长 85 厘米、宽 30～40 厘米、厚 2 厘米左右，铁钉长 6～7 厘米。首先在木板上画出3厘米×4厘米或3厘米×5厘米的网格线，在每一个网格线的交点打进一个铁钉，铁钉穿透木板并露出部分应为4～5厘米。木板上面要安装两个把手，便于作业。

17. 切花菊插穗规格标准是什么？

在切花菊生产中，种苗的好坏对切花质量至关重要。优质种苗不仅定植后植株生长健壮，而且生长整齐一致，商品率高，而影响种苗质量的重要因素是扦插所选用的接穗。切花菊扦插接穗可分两种类型，一种是低温处理接穗，即接穗整理后经过7～10天的低温处理，然后进行扦插，此种接穗对以后花芽分化十分有利。另一种是常温接穗，即在田间采摘整理后不进行低温处理，直接进行扦插，省去低温处理环节。两类接穗标准均为：接穗长7～8厘米，保留顶部两片真叶，其余叶片除掉，顶芽完好，茎粗5～8毫米，髓部无白化，无病虫危害，叶片、顶芽无畸形。操作时宜用手而不用剪刀，以避免剪刀传播病害。

18. 切花菊扦插前如何使用生根剂？

为了提高接穗生根率和生根速度，生产上一般都需在扦插前用生根剂处理接穗。生根剂主要是通过外源激素，刺激插穗基部加快根原母细胞的形成。生根剂可到市场上购买或自己配制，常用生根剂主要激素成分为吲哚丁酸，市场销售的生根剂商品有效成分含量为50%～90%，配制浓度为 40～45 毫克/升。吲哚丁酸溶解于有机溶液，难溶于水，故在使用前需要用少量的盐酸或酒精溶解，然后加入清水定容。扦插前将插穗基部约 3 厘米浸入生根剂溶液 5～10 分钟后，即可进行扦插。需要注意的是，生根剂不宜重复使用，一次扦插后剩余的生根剂溶液应该倒掉。

19. 切花菊扦插时有哪些注意事项？

切花菊扦插时需要注意的事项如下。

(1)环境消毒 扦插前需要对用于切花菊育苗的温室进行全面消毒，减少病原菌危害。

(2)浇水 扦插前 1 天，将基质浇透，使基质充分吸水。

(3)保持扦插深度一致 切花菊扦插深度一般为 2 厘米左右，过深或过浅都不利于插穗生根。

(4)扦插后要及时浇水 扦插后及时浇水可以使插穗与基质充分结合，避免插穗失水而影响生根。

(5)遮光 切花菊易生根的光照强度为 1.5 万～2 万勒，因此需要用 50%～70%的遮阳网进行遮阳，防止光照过强而导致插穗萎蔫。

(6)补光 在自然光照少于 14 小时时需要进行补光，一般在夜晚 10 时至翌日凌晨 2 时进行补光。补光长短需根据季节而定，一般为 2～4 小时，光照强度为 40 勒以上。

(7)插穗的贮藏 取好插穗后若不马上扦插，可用特制的塑料膜包好，在＋0.5℃条件下干贮1～2个月，有些品种可在此温度下保存3～4个月，可根据需要随时取出扦插，插穗一旦生根后，不宜长时间冷藏。

20. 切花菊扦插后覆盖地膜的好处有哪些？

切花菊扦插后进行地膜覆盖有多种好处。一是可以保持空气中的湿度，减少浇水次数。二是可以提高基质温度，避免由于浇水而导致基质温度降低。三是减少病害的发生：由于地膜将内、外空气隔离，防止病菌的侵入，所以可减少病害的发生。当插穗插入基质部分开始出现愈伤组织后，即可撤掉地膜。

21. 切花菊扦插育苗适宜的生长温度是多少？

切花菊扦插育苗最适合的空气温度白天为22℃～25℃，夜间为18℃～20℃，基质的温度最好保持在19℃～22℃。基质温度略高有利于生根。

22. 切花菊苗龄为多少天？

季节和品种不同，切花菊扦插育苗的苗龄也不尽相同，一般切花菊扦插完成后第7～8天开始出现愈伤组织，第10～11天开始生根，第13～15天根系即可长至3厘米左右，此时可进行移栽。若生根太短，不利于定植后缓苗；生根太长，定植时容易伤根，如根系长于3.5厘米，幼苗会有脱肥和早衰的趋势。如果气温较低,可以延迟 2～3 天移栽。生产上一般将切花菊苗龄定为 15～18 天。

(二)切花菊组织培养

1. 组培技术在切花菊育种上有哪些应用?

组织培养技术在切花菊育种上主要用于杂交种子试管发芽培养、试管苗辐射育种、转基因育种等。

2. 切花菊组培苗有哪些优点?

采用组织培养方式繁殖切花菊种苗,主要是利用组织培养的特殊繁殖方式,进行脱毒、品种复壮、转基因育种、杂交种子胚抢救等。其优点如下。

(1)繁殖速度快 采用组培繁殖切花菊种苗,一般每年可以加代 8～10 次,繁殖系数为 1∶30 000 左右,即采集 1 个接穗,1 年可繁殖 3 万株种苗。

(2)节省用地 采用组培方式繁育切花菊种苗,繁殖母苗任务在组培室内完成,从而节省了建立采穗圃的用地。

(3)脱除植株病毒 采用组培方式繁殖切花菊种苗,获取外植体的部位为茎尖分生组织,茎尖分生组织不带病毒,因此扩繁的切花菊种苗也不带病毒。

(4)提纯复壮切花菊品种 在采集外植体时,需要选择品种纯正、生长健壮、无变异畸形植株个体，保证繁殖的种苗品种纯正、生长健壮。

(5)适宜工厂化育苗 由于组培不受自然条件影响，具有生产微型化、精细化、高度集约化、重复性强的特点，便于标准化管理和自动化控制，能真正实现种苗的工厂化生产。

3. 切花菊组培室温度设定为多少？空气湿度应保持多少？

培养室温度一般应设定为25℃±2℃。培养室适当的空气湿度，对切花菊瓶苗生长十分有利，不仅生长速度快，而且健壮。培养室最佳空气相对湿度为70%～85%。空气湿度过高，污染率增加；空气湿度过低将抑制瓶苗生长。

4. 灭菌时为什么经常会出现接种瓶破裂现象？

接种瓶在灭菌时，由于灭菌锅内部压力剧烈变化，经常会造成个别灭菌瓶内外压力不均，导致灭菌瓶破裂。因此，在进行灭菌时，要尽可能减缓灭菌锅内部压力变化速度，即灭菌完毕后，不可放气减压，否则瓶内液体会剧烈沸腾，冲掉瓶塞而外溢甚至导致容器爆裂。须待灭菌器内压力降至与大气压相等后才可开盖，以减少接种瓶破损率。

5. 切花菊组培繁殖选用的基本培养基是什么?培养基 pH 值多少为宜?

切花菊组培繁殖可分为3个阶段:诱导阶段、继代增殖阶段和生根培养阶段。诱导阶段主要是将外植体诱导成愈伤组织,继代增殖阶段主要是扩繁分生苗,使其达到扩繁所需的数量。生根培养阶段主要是让分生苗生根,为出瓶做准备。切花菊组织培养一般选用MS基本培养基,然后根据不同培养阶段进行激素调节。诱导阶段主要添加细胞分裂素(6-BA),继代增殖阶段主要添加6-BA和吲哚乙酸(IAA),生根培养阶段主要添加萘乙酸(NAA)。

每种植物在进行组织培养时,都有其适宜的特定培养基和酸碱度。切花菊最适宜培养基的pH值为5.6~5.8。

6. 如何降低组培污染率?

降低组培污染率是确保组培繁苗成功与否的关键,常用的技术措施如下。

(1)接种室消毒 每天接种前用紫外线灯照射半小时,每周用臭氧发生器消毒灭菌1次,消毒时间半小时。

(2)培养瓶灭菌 将装好培养基的培养瓶放入高压灭菌锅中,进行高温灭菌半小时,杀灭培养瓶中真菌和细菌。

(3)接种器具消毒 接种前将接种器具进行火焰消毒,用酒精擦抹接种员手臂,杀灭接种器具和手臂表面的有害菌。

(4)降低接种室温度 为了减缓室内病菌的繁衍速度，将接种室温度控制在10℃以下。

(5)严格按照技术规程进行操作 技术规程是按照组培技术要求所做的统一操作标准。严格按照技术规程操作，重视操作细节是降低组培污染率的关键。

(6)经常清洗超净台空气过滤网 超净工作台一般为三级过滤，其中一级过滤网需要清洗，清洗周期根据工作环境的尘量不同而不同，可1～2个月清洗一次。二级过滤网为消耗品，需定期更换，一般每半年或1年更换1次。

7. 配制组培母液时为什么不能使用自来水?

配制母液时必须用蒸馏水或纯净水，因为自来水中含有一些杂质和矿物质，如果用自来水配制母液，将会导致培养基的养分含量不准，影响瓶苗生长，故在配制母液时一定要使用蒸馏水或纯净水。

8. 为什么会出现培养基不凝固现象?

培养基是由多种矿物质、激素和有机物配制而成，配制固态培养基时需要添加一定数量琼脂，使配制好的培养基呈胶冻状。如果琼脂添加过多，培养基固化性增强，不利于瓶苗根系生长和养分的吸收。如果琼脂添加过少，将会出现培养基不凝固现象。因此，在配制培养基过程中，添加琼脂量是决定培养基凝固与否的关键。

在配制培养基时，应根据培养液数量和琼脂质量，来确定琼脂的添加量。

9. 灭菌后凝固的培养基表面水膜应如何处理？

经过灭菌后，培养基表面经常会出现积水现象。主要是因为在进行接种瓶灭菌时，由于瓶口封闭不严，水蒸气浸入到瓶内，经冷却后在培养基表面形成水膜或积水。如果积水太多，接种时必须把水倒出，然后再进行接种，否则将增加植株染病的机会，影响成苗率。

10. 切花菊组培用外植体有哪些？如何进行外植体的采摘？

切花菊组织培养外植体通常有侧芽、脚芽、花托和带腋芽的茎段。但生产上，一般选用侧芽茎尖或花托，以防后代变异和带病毒。

采摘组培用外植体，一般分以下几步进行。

(1)在田间进行目测筛选 选择生长健壮、无病虫危害、外观纯正的植株，作为采穗母株。

(2)采摘接穗进行扦插繁苗 利用选定的母株侧芽，进行扦插繁苗。

(3)扦插苗定植 将扦插苗定植到花盆中，放置于温室内，摘心后使其侧芽萌发快速生长。

(4)采穗 当侧芽长至10厘米左右时，剪取顶部5～7厘米即可作为组培繁殖的外植体。如果选用花托作为外植体，在花蕾直径达到1～2厘米时进行采摘即可。

(5)取样时间 取外植体应在晴天，上午10时以前。

11. 如何鉴别胚状体？

细胞胚状体即体细胞经过还原培养，形成的球形、心形、鱼雷形状体。从外植体或愈伤组织表面产生胚状体的情况较为常见。鉴别胚状体的标准：一是胚状体具有极性，也就是说胚状体在发育的早期阶段，在其相反的两端分化，分别出现茎端和根端，是一种单极性结构。二是在组织学上，胚状体的维管组织与母体植物或外植体的维管组织一般没有联系，其维管组织的分布呈"Y"形。根或芽分化长出的原形成层束，与愈伤组织或外植体中的维管组织往往相连。

12. 如何防控愈伤组织生长过旺或过于疏松？

在切花菊组培苗生产过程中，有时会出现愈伤组织生长过旺、疏松，后期呈水渍状现象，其主要原因是由于培养基激素添加过量，培养室温度偏高，矿物质含量不当等因素引起的。切花菊组织培养所用激素种类和浓度，应根据不同的品种、不同组织、不同器官而定。因此，在配制培养基时应严格按照要求调控激素用量，降低培养温度，调整铵盐含量，适当增加琼脂用量，提高培养基硬度，避免愈伤组织生长过旺和疏松现象发生。

13. 如何防控愈伤组织太紧密、粗厚和生长缓慢现象发生?

从外植体接种后,大约需要 1 周时间会在切口处产生愈伤组织。愈伤组织呈淡黄绿色或浅绿色、发泡状,生长速度较快。如果出现愈伤组织太紧密、粗厚和生长缓慢现象,说明培养基中细胞分裂素、生长素和糖的浓度偏高,因此在配制培养基时,应适当降低细胞分裂素、生长素和糖的浓度。

14. 如何提高组培苗分化率?

提高切花菊组培苗分化率,是实现切花菊工厂化育苗的关键。但在生产中由于培养基配方和分化苗温、光调控等问题,经常会出现组培苗分化率低,从而导致成苗率低。因此,在切花菊组培苗生产过程中,要严格按照培养基配方进行配制,称量器具精度要高,计量准确。分化苗培养过程中,应保证温、光要求,适当增加细胞分裂素用量。

15. 如何处理分化苗生长无力、发黄、落叶问题?

在切花菊组培苗生产过程中,有时会因为分化苗生长时间过长,培养基养分供给不足,密度过大等,出现分化苗生长无力、发黄、落叶现象。所以,需要及时将分化苗进行转接,降低接种密度,改善瓶内空气状况,可以有效防止分化苗生长无力、发黄、落叶现象的发生。

16. 什么原因引起组培苗叶片脱落?

组培苗在培养过程中,由于温度过高,透气不良,培养接种体过密、生长时间过长、有害气体积累等因素而致使叶片脱落。为了防止组培苗叶片脱落现象发生,在培养过程中要严格控制温度,经常进行培养室换气,合理确定接种密度,及时转接,保证植株在良好的环境中生长。

17. 切花菊瓶苗的光照时间和光照强度多少为宜?

光照是确保切花菊瓶苗正常生长的关键,如果光照时间和强度不够,将会出现瓶苗生长缓慢、细弱,甚至黄化等现象。一般切花菊瓶苗,每天需要光照时间为 10～15 小时,光强度为 2 000～3 000 勒。

18. 玻璃化苗分生原因及防控方法是什么?

在切花菊组培繁育过程中,经常会出现瓶苗玻璃化现象,其产生的主要原因是,在瓶苗生长过程中,由于温、光控制不当,导致瓶苗的碳、氮和水分代谢紊乱而发生的一种生理性病害。为了预防或减少瓶苗玻璃化现象的发生,应严格控制培养室的温度和光照。避免温度过高,导致容器内湿度降低。适当增加培养基琼脂浓度,增加自然光照,通过延长光照时间进行补偿。

19. 组培中外植体出现水渍状、变色、坏死的原因是什么?

切花菊外植体一般取用侧芽或花托,用次氯酸钠消毒8～10分钟。在切花菊组培苗生产过程中,有时外植体会出现水渍状、变色、坏死等现象,其主要原因是在外植体表面杀菌过程中,杀菌药剂使用过量或消毒时间过长,导致外植体表层细胞坏死而呈现水渍状、变色和外植体坏死等现象。因此,在进行外植体消毒时,应根据所取外植体成熟度和不同器官,来调换杀菌剂种类、降低药剂浓度和缩短消毒时间,以提高外植体的成活率。

20. 组培苗褐化现象产生的原因和解决办法是什么?

组培苗褐化现象是指外植体分泌出酚类化合物,经氧化后可形成抑制细胞内酶活性的物质,导致细胞不能正常代谢。在实际生产过程中,应选择生长旺盛的外植体,在培养基中加入0.1%～0.5%活性炭等抗氧化剂,也可以对外植体进行连续转移,都能有效防止褐变现象发生。

21. 切花菊生根用基本培养基是什么?

切花菊生根用基本培养基为1/2 MS,但为了保证切花菊组培苗生根率和生根效果,生产上一般还需在基本生根培养基中加入0.5%的活性炭,对增加发根数、粗度都有良好的效果。

22. 切花菊组培苗出瓶、移栽主要技术要点是什么？

切花菊分化苗经过生根培养25天左右，即可出瓶进行温室移栽。其主要技术要点如下。

(1)炼苗 当生根苗达到标准规格后，即可进行出瓶移栽。首先需要进行炼苗，炼苗一般在温室内进行，将瓶苗摆放在温室内台床或地面上，揭开封口膜，使其充分适应温室生长环境，炼苗时间为3～4天。

(2)出瓶 将经过炼苗以后的瓶苗，用镊子轻轻夹出，放入托盘中，然后用清水将根系上沾着的培养基清洗干净，阴干后即可进行定植。

(3)过渡性移栽 一般切花菊组培苗需要进行过渡性移栽，以提高组培苗的成活率，常用的基质为珍珠岩或蛭石。首先将基质淋湿，然后将清洗后的组培苗4～5株定植于1穴，定植后立即浇水保湿。

(4)营养钵移栽 组培苗经过20～25天过渡性移栽后，根系得到了生长，主要侧根长出了根毛，此时即可进行营养钵移栽。进行营养钵移栽前1天，要对营养钵进行浇水，使土壤充分吸水。定植时，首先用竹签在营养钵内拨开一个小穴，将组培苗放入穴中，要保持根系舒展，然后用土壤压实根系，定植后及时浇水。

五、切花菊的生产管理

(一)切花菊主要栽培方式

1. 切花菊主要栽培方式有几种?

按照栽培畦划分,切花菊可分为高畦栽培和低畦栽培。按照保留茎秆数量划分,可分为单茎栽培和多茎栽培。高畦栽培即畦面高于地面 10～15 厘米,低畦栽培即畦面低于地面 10 厘米左右。单茎栽培即单株保留 1 个茎秆,产出一枝商品花,多茎栽培即定植一棵切花菊种苗,然后进行摘心,保留 2～3 个茎秆,产出 2～3 枝商品花。

2. 出口切花菊单茎栽培密度为多少?

出口切花菊要求质量较高,一般生产上以单茎栽培形式为主,每 667 米^2 栽培 26 000～28 000 株。栽培畦上面铺设 5 目、7 目或 10 目的定值网,定植切花菊苗 4 行、6 行或 8 行,中间空 1～2 行,保证每平方米定植 40 株左右。

3. 切花菊多茎栽培定植密度为多少?

切花菊采用多茎栽培形式，一般每株保留 2～3 个茎秆，因此在定植时需要降低栽植密度，以保证茎秆有足够的生长空间，密度过大将导致茎秆生长细弱，达不到商品标准。通常多茎栽培每 667 米^2 定植株数为 13 500～14 000 株。

4. 何谓切花菊摘心?

切花菊摘心是指在切花菊生长过程中剪去新梢顶部生长点，使新梢停止延长生长，促进侧芽萌发。一般剪去新梢顶部 1～2 厘米。

5. 切花菊单茎栽培是否需要摘心?

切花菊单茎栽培是不需要摘心的。摘心的目的是去除原有生长点，使切花菊萌发侧枝进行多茎栽培。

6. 切花菊多茎栽培摘心方法有几种?

切花菊多茎栽培摘心方法主要有以下几种。

(1)插穗摘心　在进行扦插前，先进行穗条摘心，然后再进行扦插。采用此种摘心方法繁育种苗，定植后侧芽即可萌发。此种方法便于操作，节省人工。

(2)种苗摘心　扦插苗达到出圃标准时，在扦插床上进行摘心，摘心后再进行定植。可以节省 5～7 天田间生长期，降低生产管理费用。

(3)田间摘心 切花菊种苗经过定植、缓苗后，新梢开始生长，当新梢长至 10 厘米左右时进行摘心。此种摘心方法虽然延长了生产期，但对以后新梢生长、提高产品质量都十分有利。

7. 切花菊多茎栽培优、缺点各是什么？

多茎栽培主要优点如下。

(1)节省种苗 多茎栽培栽植密度仅为独茎栽培的一半，减少种苗的用量，从而降低了生产成本。

(2)减缓植株生长势 对生长势强的切花菊品种，采用多茎栽培可以减缓植株的生长势，避免由于植株生长过旺而导致茎秆过粗降低产品质量。

多茎栽培主要缺点如下。

(1)延长生产周期 采用多茎栽培，一般情况下需要延长采收期 20 天左右，对寒冷地区进行反季节栽培不利。

(2)多数品种茎秆粗度达不到出口标准 由于受到肥水供应的影响，多数切花菊品种采用多茎栽培，往往会导致切花茎秆粗度达不到出口标准，使商品率降低。

(3)采收期延长 由于摘心后侧芽萌发不整齐，生长势差异较大，往往导致采收期延长。

(二)切花菊生产中的肥料需要

1. 切花菊生长过程中对哪些元素需求量较大?

在切花菊生长过程中,对氮的需求量最大,约占总肥量的40%,其次为钾,约占总肥量的30%,再次为磷,约占总肥量的15%,其他钙、镁、铁等营养元素,总共约占总肥量的15%。在生产中应根据不同的土壤条件采用不同的施肥方法,一般每667米^{2}施入氮、磷、钾比例为1∶1∶1的复合肥50千克。菊花生长期前期追肥以氮肥为主,后期以磷、钾肥为主。

2. 影响切花菊生长发育主要营养元素的生理功能是什么?

影响切花菊生长发育的主要营养元素有氮、磷、钾、钙、镁、铁及微量元素。其主要生理功能如下。

(1)氮 氮是切花菊体内许多有机化合物的重要成分,是植株体内蛋白质、细胞原生质、叶绿素、核酸、维生素和生物碱的合成元素,是植株生命活动的基础。植株体内氮水平高低,直接影响切花菊植株体内生理代谢和生长发育。缺氮植株叶片发黄,生长缓慢。

(2)磷 磷是切花菊体内许多有机化合物的合成物质,又以多方式参与植株体内的各种代谢过程,在植株生长发育过程中起着重要的作用。磷又是核酸、磷脂的主要组成部分，核酸存在于细胞核和原生质中，在植株生长发育和代谢过程中极为重要，是细胞分裂和根系生长不可缺少的物质。磷脂是生物膜的重要合成物质，对植株生长起到重要作用。磷还是三磷酸腺苷（ATP）、各种脱氢酶、氨基转移酶等的合成物质，对提高植株的抗逆性和抗病性发挥重要作用。

(3)钾 钾主要呈离子状态存在于植物细胞液中。它是多种酶的活化剂，不仅促进光合作用，还可以促进氮的代谢，提高植物对氮的吸收和利用。钾调节细胞的渗透压，增强植株的抗性，提高产品质量。

(4)钙 钙能稳定生物膜结构，保持细胞完整性，对植株吸收养分、生长发育、信息传递以及抗逆性方面有重要作用。

(5)镁 镁是叶绿素的主要组成成分，可以加速叶绿素A和叶绿素B的合成，提高光合作用，促进碳水化合物的代谢和植株的呼吸作用。

3. 氮肥过多会对切花菊造成哪些危害？

切花菊施肥要以氮肥为主，配合使用磷、钾肥。但氮肥施用过量会造成细胞体积过大，细胞壁变薄、多汁；植株会出现徒长，茎秆变细、叶片变薄，易受各种病害侵袭。严重时植株会出现叶片反卷、变脆，切花质量降低，甚至失去商品价值。过量氮肥还导致植株迟迟不能进入到生殖生长，开花延迟等现象。

4. 切花菊生产多采用哪些追肥方式？

切花菊生产，一般采用固态追肥或液态追肥方式。固态追肥即将肥料直接撒到畦内土壤表面，然后配合浇水，将肥料渗入到土壤中，供根系吸收。液态追肥是把化肥溶解到水中，然后利用滴灌等设施将液态肥施入到畦内土壤中或喷施到叶片上。固态施肥方法比较简单，但肥料从固态转化为液态被根系吸收需要一定的时间；而液态施肥可立刻被植株吸收，肥效较快。

5. 采用固态施肥应注意哪些问题？

采用固态施肥时，应特别注意不能将化肥撒到叶片上，以免烧坏叶片，施肥区域要与植株根茎处保持一定的距离，防止化肥产生的氨气烧伤叶片与根茎，施肥后要及时浇水，以提高肥效。

6. 喷施叶面肥浓度范围为多少？

叶面喷施既能有效控制各种化肥比例搭配，又能减少化肥的用量。喷施尿素浓度为 0.3%～0.5%，三元复合肥浓度为 300～500 倍液，喷施复合微肥浓度为 500～1 000 毫克/升，喷施间隔应在 5 天以上。

7. 二氧化碳对植株生长有何作用？其浓度在温室内应维持在什么水平？

二氧化碳是植物进行光合作用的重要物质，也是合成碳水化合物的原料。植物叶片吸收空气中的二氧化碳，在光合作用下与水结合形成碳水化合物，然后供植株生长发育。所以二氧化碳是植物生长必不可少的元素。二氧化碳浓度高低，直接影响叶片的光合作用，一般温室内二氧化碳浓度应保持在 1 000～1 500 毫克/升的水平。

8. 怎样施用二氧化碳气肥？

人工补充二氧化碳可以提高光合效率，增加养分的积累。在春、夏、秋三季，可以用开窗通风换气来补充二氧化碳不足。但在冬季，由于室外温度较低，温室不宜进行开窗通风换气，可以采用室内增加二氧化碳方法，以解决室内二氧化碳不足问题。

常用钢瓶散气法、化学法和二氧化碳发生器等方法，对温室补充二氧化碳。

(1)钢瓶散气法 将灌有液态二氧化碳的钢瓶置入温室内，根据作物需要量进行施放。

(2)化学反应法 即通过不同化学药品之间发生的化学反应，产生二氧化碳气体。常用的药剂为碳酸氢铵和硫酸。操作方法是：用 98％的工业硫酸，按 1∶3 的比例加水配成硫酸溶液，再按每平方米 10～12 克的碳酸氢铵加入硫酸溶液，就可以产生二氧化碳，反应后剩下的硫酸铵，再加 10 倍清水，可用于切花菊的追肥。

(3)秸秆发酵法 利用作物秸秆，在温室内进行发酵处理，在发酵处理过程中会产生大量二氧化碳气体。

(4)增施有机肥法 通过增施有机肥料，增加土壤中微生物数量。大量的微生物活动也会产生二氧化碳气体。

（三）切花菊生产中的水分需要

1. 切花菊水分管理为何如此重要？

水分是影响菊花品质的最重要的因素之一。苗期水分不足，能大大降低菊花的成活率，也是造成老化苗、生长不整齐的主要原因；营养期水分不足，导致叶片萎蔫、失去光泽、茎秆细弱，重量不足，达不到出口标准（出口 1 级品，长：90 厘米；重量：70～90 克）；生殖期水分不足，易造成花芽分化不良，舌状花瓣数减少，花瓣短小，俗称“露心”，严重时失去出口价值。

2. 苗床水要浇到什么程度？

切花菊按自然花期可分为春菊、夏菊、秋菊、寒菊；栽培方式主要有低畦栽培、高床覆地膜栽培、高床不覆地膜栽培。不论哪个品种，哪种栽培方式，定植时都要保证床面土壤湿润，土壤相对含水量在 40%左右。如低畦栽培提前 2～3 天床面浇水；高床不覆地膜栽培可提前 2 天浇水，高床覆地膜栽培可用喷头浇水后立即覆地膜，翌日定植。定植时以土壤湿润而不黏稠为宜。

3. 定植水何时浇？浇多少为宜？

定植后马上浇水，如一次定植面积较大，则必须边定植边浇水，以确保花苗及时得到水分的补充。用水量以花苗为中心的周围 3 厘米、根下 2 厘米的土壤含水量达 95%～99%为宜。必须做到花苗根系与土壤紧密接触，从而确保成活率。定植后 3～5 天进行第二次浇水（定植后应覆盖遮阳网，防止棚内温度过高，水分蒸发量太大）。根据气候、土壤结构等不同，第二次浇水时间间隔也不同。一般保水性较弱的沙质土，在第三天浇水；保水性较强的黏质土在第五天浇水。一般第二次浇水与第一次间隔不超过 5 天，用水量为第一次的 2/3（沙质土与第一次相同），确保花苗安全度过缓苗期。

4. 炼苗期的浇水原则是怎样的？

此时期花苗缓苗已经结束，新根开始生长，应适当控制水量，以“看苗浇水，少量多次”为原则。即经常在田间观察，当发现花苗有 2～3 片叶萎蔫（顶叶和生长点正常）时浇水，用水量不要太大，大约为定植水的 1/3 就可以，让花苗常处于一种半饥渴状态，以刺激花苗根系的生长，培养壮苗，为以后的快速生长打好基础。若此时期水分过量极易造成地上部分徒长，而根系会因为缺少氧气而生长缓慢。地上、地下生长不均衡，给后期管理带来很多困难。

5. 营养生长期的浇水特点是什么？

营养生长期（缓苗期过后，花芽分化前）为菊花主要营养积累期，生命力活动旺盛。需要大量的水和二氧化碳来合成有机物质，需要吸收大量的营养元素以保证自身的快速生长需要，而营养元素主要以离子状态存在于水中，被植物根系吸收和利用。总之，此时期要保证充足的水分，一般夏季3～5天浇1次透水，冬季5～7天浇1次透水，此期要做到浇水均匀，浇水间隔的天数基本一致。这是确保切花叶片间距均匀一致的重要条件，而叶间距是否均匀是衡量菊花品质的一个重要因素。

6. 花芽分化期为何以偏旱为宜？

花芽分化前7天，开始控制水分，以偏旱为宜。主要目的是人为创造一种“逆境”条件，更有利于菊花的营养生长向生殖生长的过渡。到花芽分化中后期应适量浇水，以保证顶部叶片的正常生长。此时期若水分不足，极易造成顶叶小而簇生，严重影响商品价值。

7. 花蕾膨大期怎样控制水分使花更保鲜？

由于花芽分化期的水分控制，花蕾膨大期（能看见小花蕾到开花）植株整体偏旱，所以要逐渐增加供水量，当花蕾长到豆粒大小时为需水盛期，与主要营养期的用水量基本相同，以促进花蕾的迅速膨大。此时期若供水不足则易出现顶叶小、花瓣短等现象。另外，在切花前2天浇1次透水，可使花期集中，又有利于出口保鲜、提高土地利用率。

（四）切花菊生产中的温、光管理

1. 影响切花菊生产最关键的环境因素有哪些？

目前生产上栽培的切花菊品种主要分为光敏和积温两种类型，温度和光照周期是影响切花菊开花的最关键环境因子。光敏型切花菊品种，一般当植株长至40厘米左右，每天黑暗时间达到14小时以上，夜温14℃～16℃，持续20天左右时即可形成花芽。积温型切花菊品种，一般生长期有效积温达到2 000℃～2 500℃即可形成花芽。

2. 切花菊生产中温度多少为宜？

控制温度才能保证生产高品质切花菊，不同品种或同一品种的不同生长发育阶段所要求的最适温度均不相同。尤其在生殖生长阶段，切花菊对温度特别敏感，必须保证最低夜间温度在某一值之上，才能进行正常的花芽分化和开花，否则会产生盲枝现象。例如，春季开花的品种要求花芽分化的最低夜温在13℃,秋季开花的品种则要求夜温至少15℃~16℃。生产上常用的“神马”品种,要求的花芽分化最低夜温为18℃。

日常生产中,即使在要求的温度范围内,也应根据天气等条件的不同而有所变化,在冬季生产中,晴朗天气下,温室温度一般为21℃~23℃,如果是阴天,则可控制在18℃~19℃。

3. 光照对切花菊生长有何影响?

切花菊定植后即进入营养生长阶段,如果此时光照不足,将导致植株细弱、生长缓慢。在营养生长后期如果光照不足,将影响切花菊花芽分化,会出现盲枝或畸形花。现蕾期光照不足,会出现菊花颜色变浅,鲜艳度降低的现象。在整个生长期,如果光照过强,将会出现叶烧病、叶片颜色变浅,从而降低切花的观赏性。调控光照强度是进行出口切花生产中一项重要技术环节。营养生长期,光强度控制在3万~4万勒,花芽分化期控制在4万勒左右。在我国绝大多数地区进行切花菊生产时,一般不需要进行遮阴。在夏季,有的生产者为了降低棚内的温度而进行遮阴,会造成光照大大减弱,切花菊生长缓慢,开花推迟,茎秆细弱,降低品质,导致经济损失。

4. 如何进行光敏型切花菊品种控花处理?

影响光敏型切花菊开花主要因素是光照时数和温度。以切花菊品种“神马”为例,当白天光照时数低于13.5小时,夜温在16℃～18℃时切花菊即开始进行花芽分化。为了防止植株过早进入花芽分化,需要进行补光处理。生产上一般采用钠灯作为光源,北方地区补光为4月20日以前和8月20日以后。通常安装100瓦白炽灯泡,每12～13米^{2}一盏,距地面1.9～2米,注意安装反光灯罩。切花菊在进行光周期处理时,要求的光照强度大于50勒。

5. 切花菊的花期调控有几种方法?

目前生产上栽培的切花菊品种主要分为光敏型和积温型两种类型,光敏型主要利用切花菊的光周期特性,使用人工短日照和人工长日照两种调控方法调控花期;积温型主要利用切花菊的最低夜温特性,调控温度来控制花期。

6. 怎样实现人工短日照?

人工短日照采用遮光的方法,遮光方式一般采用外遮和内遮两种。外遮方法即把遮光材料直接覆在温室大棚的外膜上;内遮方法要在内部架设钢丝呈屋状结构,然后安装上遮光材料。遮光材料一般多为黑色织物或聚丙烯黑膜，遮光的关键是不能透光，遮光时温室内光照强度小于40勒，如遮光效果不好（材料透光率大或有漏缺）可出现双层萼片、空蕾、花瓣过少、花朵畸形等现象。

7. 怎样实现人工长日照？

人工长日照采用补光的方法，补光可用高压钠灯或白炽灯，补光灯的布置应根据灯的实际功率来确定。一般100瓦白炽灯可照射12～13米²，补光灯应架设在距地面1.9～2米的位置，该高度是光照面积和光照强度的最合理搭配。补光时切花菊生长点附近的光照强度要大于50勒，光照强度不足，可导致切花菊提前现蕾，且花朵畸形，质量低下。补光时间在夜间10时至翌日凌晨2时进行效果最好，补光的时间长度可根据日长的变化而适当调整以降低成本。

8. 什么是循环光照法？怎样操作？

循环光照法（即间断光照法）是利用黑暗和光照的循环方式来实现降低成本的光照方法，并能达到延长日长的效果。美国园艺学家把4个小时的夜间黑暗期分为半个小时1个周期。在每个周期内，先给予6分钟的光照，然后关闭白炽灯，继以24分钟的黑暗。这样，连续8个“6＋24”分钟的周期，即可达到4小时夜间时段照明的效果。

(五)高品质切花菊的植株处理

1. 高品质切花菊应具备什么特点?

高品质的切花菊,应具备茎秆挺直,田间枝条长度100厘米以上,粗度适中,与香烟粗度相似,并且花头端正,无畸形。对于多花型品种,小花分布均匀,花序大小适中,花梗长短适度,大花型品种,侧蕾、侧芽清除及时,没有留橛现象,主枝光滑。

2. 怎样防止切花菊的枝条弯曲、倒伏?

在切花菊生产时为防止菊花的枝条弯曲、倒伏,必须使用支撑网。支撑网通常分为塑料材质和金属材质两种,支撑网孔径为10厘米×10厘米或15厘米×15厘米。

3. 通常使用的支撑网孔规格是多少?怎样进行切花菊支撑网的铺设?

通常使用的支撑网规格为10厘米×10厘米或者15厘米×15厘米。

设支撑网时一般是在种植畦的两端各插2根木杆(竹竿)或金属杆(一定要插牢),将支撑网水平张挂于杆上拉紧,中间每隔一段距离支撑一根细竹竿,使网孔充分张开,并每隔一段距离在畦两侧插入竹竿或金属杆将网拉展。张网后需经常检查植株,随着切花菊植株的长高进行提网操作,使支撑网维持在切花菊生长点以下 15 厘米左右,如果支撑网提得过高,由于生长点附近枝条太柔软,会出现弯曲现象;如果支撑网位置过低,切花菊植株会向外伸展而达不到理想效果。如果有枝条露出网外,及时将枝条扶入网孔内,以保证花枝笔直向上伸展。

4. 切花菊侧芽去除方法有哪些?

切花菊每一个叶腋处几乎都有休眠芽,随着植株的生长,这些侧芽便陆续萌发,消耗养分长成侧枝。在出口生产时,切花菊腋芽抹除得过晚,会留下很大的伤疤,达不到出口标准,因此生产中应随时检查,抹除萌动的侧芽。

抹芽时双手要同时进行,抹芽方法主要有 3 种,一是抹芽时用中指和食指拖住叶柄,用拇指抹掉腋芽;二是用大拇指扶住花茎,食指在叶柄内侧,顺叶柄向下抠掉腋芽;三是用食指扶住花茎,大拇指在叶柄内侧,顺叶柄向下抠掉腋芽。抹芽要及时,芽长不超过 2 厘米时就要抹掉,如抹芽太晚,会留下很大的伤口而不能出口;也不能芽很小时进行抹芽,这样容易弄掉叶片而不能出口。

5. 切花菊侧芽去除的要求是什么?

抹芽时要做到三个不:不掉叶、不留橛、不落抹(每个叶片内都有腋芽,每一植株都有腋芽)。

6. 切花菊侧蕾去除时期及要求是什么？

花芽分化后29天左右时，主蕾边上的侧蕾已长到绿豆粒大小，这时要及时抹掉侧蕾。当侧蕾太小时，不宜开展剥蕾工作，因为很难剥除干净且容易伤到主蕾，应根据个人熟练情况，以能抹掉侧蕾而不伤及主蕾为原则。剥蕾工作进行得太晚，侧蕾生长过大，消耗了很多养分，并且挤压主蕾，使主蕾畸形。剥蕾时要剥除干净，不能留橛，并且注意不要伤及主蕾。剥蕾操作最好在上午10:30分以前进行，此时植株含水分多、较脆，侧蕾易于剥落，如果工作量太大，也可全天进行。

7. 赤霉素应在何时使用？

有些切花菊品种，在自然条件下，不通过人为处理，其叶片生长紧密，节间距不超过1厘米，很像莲座。花蕾常发育不完全，表现为畸形花，观赏效果极差，更谈不上出口标准。如在生产切花菊品种“优香”时，必须使用赤霉素(GA_3)处理，方法是在花苗定植后第10天喷洒GA_3 1次，浓度为20～30毫克/升；花苗定植后第25天喷洒第二次，浓度为30～40毫克/升；花苗定植后第38天喷洒第三次，浓度为40～50毫克/升，在第三次喷洒时，植株高度应达到55～60厘米。在植株营养生长期间，白天温度控制在25℃～30℃，夜间温度控制在10℃～13℃，如生长期间气温较低，则必须加大GA_3使用浓度，可用70～

100毫克/升进行处理。在GA_3喷洒过程中，喷杆和喷头始终保持在植株的上面，喷杆往复移动，喷头向下喷洒，必须使药液均匀喷到每一棵植株的生长点上。

8. 比久应在何时使用?

不同品种的切花菊，比久的使用技术不同，但目的是相同的，即为了控制叶片密度和花脖长度。出口标准一级品要求花脖长度在1.6～2厘米，顶部向下20厘米内有16个叶片以上。

对于出口的切花菊“优香”品种，比久处理方法是现蕾后2周喷洒进口比久2 000倍液1次，此时植株高度应为80厘米；现蕾后3周，第二次喷洒比久，浓度为800～1 000倍液；现蕾后第四周，第三次喷洒比久，浓度为1 000倍液。

如果使用国产的“国光”牌比久，则第一次喷洒时浓度应为500～600倍液，第二次喷洒时浓度应为300～400倍液，第三次喷洒时浓度应为400倍液，喷洒时期与进口比久相同。一般喷洒3次，就可以达到出口要求的标准。对于出口切花菊“神马”品种，“国光”牌比久的使用方法是当主蕾长到黄豆粒大小时，开始喷施第一次，浓度为300～400倍液，5天后喷施第二次，浓度为500倍液。

喷洒时，同样要求喷杆和喷头始终保持在植株上面，喷杆往复移动，喷头向下喷洒，以保证比久喷洒到生长点上。为了使比久更好地发挥作用，在短日照处理前1周和处理后2周要控制浇水量，以偏旱为宜，现蕾后正常浇水。

9. 什么是假蕾？造成原因是什么？

假蕾是一种非正常花蕾，花蕾严重畸形，不能正常开花，其蕾下面的叶片狭长，形成柳叶。主要由光照条件不适宜或花芽分化期间温度过高引起。

10. 什么是盲枝？造成原因是什么？

盲枝是指切花菊的枝条一直进行营养生长，虽然长度已达到标准长度，但也不进行花芽分化，始终不能形成花蕾。盲枝现象主要由于光周期不符合花芽分化要求，花芽分化期间温度过低引起的。

（六）切花菊的采收和包装

1. 一般切花菊采收应在什么时间进行？

出口切花菊一般在花蕾期采收，而内销切花菊一般在花朵开放时采收。如果采收量很小，可在早晨和傍晚采收，能够保证切花菊植株体内水分充足，如果采收量较大，可在适当遮阴条件下，全天进行采收，但采收后要及时运输并使切花菊及时吸水。

2. 出口切花菊的采收标准是什么?

一般国际上把出口切花菊开放程度标准分为1～8度,采花时要按照客户要求的标准,用果树剪或切花菊专用切花镰刀从菊花基部剪掉。一般要求花朵的开放程度为2°～3°,采收的花朵要端正、无磨损现象,花朵呈现原品种固有色泽。采收长度1米左右,叶片分布均匀,无病虫害,花脖长1.5～2.5厘米左右。花茎下叶片与花蕾上平面等高或略高的植株,采收时要轻拿轻放、花头对齐、避免挤压花头现象发生。

具体采花过程要做到十不采:①长度不足的花不采;②茎秆不直、花脖不正的花不采;③过细或过粗的花不采;④顶叶过大或过小的花不采;⑤开放度不合格的花不采;⑥花脖过长的花不采;⑦花朵畸形的花不采;⑧打侧芽、侧蕾伤口过大的花不采;⑨掉叶、留橛的花不采;⑩病虫危害的花不采。

采收人员把符合上述标准的菊花采下后每十支放一堆,方便工作人员运花。运花工人每次抱运50～100枝,花头对齐,此时要特别注意不要弄伤花蕾与叶片。

切花从田间运出后马上装入菊花专用运输箱,一般每箱100枝;或用彩条布包裹,用此法时在花朵部位还必须垫一层白纸或报纸,防止花蕾与彩条布摩擦。装好后将切花菊成箱或成捆运送到加工车间。采花时要求边采收,边往外抱,边装箱(或包裹),边向加工车间运输,抱花和运输要及时，不能出现积压现象。运花人员要一手拿花柄，另一只胳膊垫在花蕾下 30 厘米处，不能有拽拉花头现象。

3. 内销切花菊的采收标准是什么？

内销切花菊的采收标准和出口切花菊的采收标准基本相同。但在花朵开放程度上与出口切花菊不同，出口切花菊是在花蕾期采收，而内销切花菊是在花朵开放时采收。

4. 内销切花菊何时进行采收？

目前内销切花菊采收标准要求不太严格，一般舌状花瓣展开 1～2 层以上就可采收。低温季节或现采现售时可等花瓣再大一些采收；在高温季节或需要长途运输的可适当提前采收。

5. 切花菊吸水时一般会在水中加入什么杀菌剂？

切花菊吸水时多用 200～600 毫克/升的 8-羟基喹啉柠檬酸盐作为杀菌剂，也可在冷水中加入 25 毫克/升的硝酸银。

6. 切花菊出口时，怎样进行捆把及装箱？

切花菊出口时，应 10 枝 1 扎，花头对齐，底部 15～20 厘米叶片打掉，剪成 90 厘米长，用橡皮筋或尼龙绳等捆扎。装箱时先在箱内花头处铺白纸用来包裹花头，防止花头受伤。每层5扎即50枝，一颠一倒摆放2层，每箱共装100枝。包装时要再仔细检查一遍花头大小是否一致，叶片是否完好，是否有虫害，然后把花头大小一致的10扎装在一个箱内。箱子要干净，符合出口包装要求。在箱上注明包装日期、品种、数量、规格等内容。然后把封好的箱子放到2℃冷库中进行保存。

7. 切花菊内销时，怎样进行捆把？

内销要求不是很严格，枝条长度60厘米以上就可以，去除下部20厘米左右叶片，用果树剪剪齐，包装时花头对齐，防止花头受伤，20枝1扎，用尼龙绳捆绑，最后用报纸包裹花头部，就可放入2℃的冷库贮藏或直接销售了。

六、切花菊病虫害防治

(一)切花菊的病害及防治

1. 切花菊的病害可分为哪4类?

总体上来说,切花菊的病害可分为真菌性病害、细菌性病害、病毒性病害和生理性病害4类。

2. 切花菊锈病侵染的症状是什么?

锈病是切花菊极易感染的病害,常在叶上发生,起初在叶下表面产生小变色斑,然后隆起呈灰白色的脓疱状物,渐渐变为淡褐色。叶正面则为淡黄色的斑点,严重时整叶可全是病斑,导致早期枯死。

3. 切花菊白锈病病原菌是什么?侵染过程是怎样的?

菊花白锈病的病原菌为堀柄锈菌(Puccinia horiana)。在显微镜下观察该病原菌冬孢子呈淡黄色或黄褐色,双细胞，长椭圆形至棍棒形，分隔处略缢缩，顶圆形或者尖突，基部狭窄、平滑、柄不脱落。

侵染过程：冬孢子在4℃～32℃均可萌发，适宜的萌发温度为15℃～24℃，尤其以18℃～21℃最为合适。冬孢子萌发产生小生子，小生子是菊花白锈病进行传播的最基本单位。小生子随风雨以及人工田间操作进行传播，其借风力传播可达700米或者更远。小生子首先附着在菊花叶片的正面，在不同条件下可存活3～8周。一旦条件适宜，小生子开始萌发，形成堀柄锈菌菌丝，侵入叶肉细胞内。堀柄锈菌菌丝侵入叶肉细胞后，开始大量繁殖，多数以侵入点为中心，向四周扩散，形成菌丝束。菌丝束大量繁殖后，叶片背部开始出现冬孢子，并不断生长、凸起形成冬孢子堆。而后，孢子堆逐渐增大，最后由白色变为浅褐色，生长不再明显。此时冬孢子已经成熟，如遇冬季，则休眠越冬；如遇春、夏、秋三季或在温室大棚内，则冬孢子可马上萌发，形成小生子，继续侵染。

4. 怎样用物理方法防治切花菊白锈病？

(1)高温闷棚 菊花种植前，关闭所有通风口和门窗，在强光照射下，棚内温度可升至50℃以上，持续5～7天，能够有效杀死大部分病菌和害虫。

(2)拔除病株 在生产中，一旦发现有植株染病，立即采取措施控制病源传播。如果仅有少量叶片染病，可以直接摘除病叶，在室外销毁；对于发病严重的植株，应立即拔除，在室外销毁，以减少病害侵染源。

(3)提高抗性 在酸性土壤中每667米^{2}施入20～25千克的生石灰等能提高寄主的抗病性。

(4)温度控制 冬孢子适宜萌发的温度范围是15℃～24℃，尤其以18℃～21℃最为合适。当温度连续7天达到25℃以上，病菌就会休眠；35℃以上仅一天白锈病菌就会死亡。当温度在12℃时冬孢子萌发率显著低于15℃条件下的萌发率。温度下降至4℃时，冬孢子极少萌发。这就是为什么菊花在夏季和冬季不易发病，而在春季和秋季容易发病的原因。根据冬孢子萌发的温度特性，应尽量使菊花生长的环境温度控制在15℃以下和24℃以上。

(5)湿度控制 研究发现，随着空气湿度的增加，冬孢子的萌发率显著提高，当空气相对湿度达100％或有水滴存在时，连续6小时，冬孢子就可以萌发。根据冬孢子萌发的湿度特性，可通过加强温室通风或直接加温等方法，尽量降低菊花生长环境的空气湿度，来抑制冬孢子的萌发。

5. 怎样用化学方法防治切花菊白锈病?

(1)土壤消毒 方法是用土壤注射器或土壤消毒剂将熏蒸剂注入土壤中，然后在土壤表面盖上薄膜，使熏蒸剂的有毒气体在土壤中扩散，杀死病菌。常用的土壤消毒剂有：棉隆每667米^{2}用量30千克，施药方法为全地撒施；溴甲烷每667米^{2}用药40千克，每13米^{2}放1罐药；氯化苦每 300 厘米^{2}注 3 毫升，用氯化苦专用注入器注入土壤，注入药剂深度 15～20 厘米，每 667 米^{2}用量 20～30 升，边注射药剂边用土覆盖注射孔等。

(2)预防药剂 预防期可用 15%三唑酮可湿性粉剂 1 000 倍液，或 20%三唑酮乳油 1 500 倍液，或 25%丙环唑乳油 1 500 倍液，或 40%氟硅唑乳油 3 000 倍液，或 2.5%腈菌唑乳油 1 000 倍液，7 天喷洒 1 次，几种药轮换使用，使用次数根据病害防治情况而定。一般是上午喷药，避免下午因施药而造成温室湿度过大。

(3)发病时药剂 菊花发病后，必须用治疗性药剂，可喷洒 10%苯醚甲环唑水分散粒剂 1 000 倍液，或 25%嘧菌酯悬浮剂 1 000 倍液，或 10%多抗霉素可湿性粉剂 800 倍液，3 天喷洒 1 次，连续喷洒 4～5 次，能够有效抑制白锈病的发展。

6. 切花菊褐斑病侵染的症状是什么？

褐斑病也叫黑斑病、斑枯病，是切花菊生产中主要的真菌病害，主要危害植株下部叶片，发病初期叶片上出现大小不等的浅黄色和紫色斑点，后逐渐发展成边缘黑褐色、中心灰黑色的近圆形小点，严重时病斑相连，叶色变黄，发黑干枯。

7. 切花菊褐斑病病原菌及如何防治？

切花菊褐斑病病原菌为 Septoria chrysanthemella

Sacc，属半知菌亚门、腔孢菌纲、球壳菌目、球壳孢科、壳针孢属。病原菌以菌丝体和分生孢子器在病株或土壤中的残体上越冬，翌年 4～5 月份气温逐渐上升时，病菌开始产生大量的分生孢子，借风雨、灌溉水、工具等传播，环境条件适宜，反复进行再侵染，直至 11 月份病害才停止，以 9～10 月份发病最重，在设施条件下，周年均可发生。

【防治方法】

第一，加强肥水管理，避免施过多氮肥，清沟排水，栽菊地块要通风透光，适量淋水，避免过湿。

第二，合理密植，不可种植太密，一般每平方米栽植 41 株，并且加强通风透光，增加切花菊抗性。

第三，严重病区要深翻，忌连作。

第四，发病初期要及时去掉残株病叶，减少病源，有条件的地方，用草炭土、秸秆等材料覆盖土壤，防止病菌侵染下部叶片。发病期每隔 5～7 天喷 1 次 0.1%等量式波尔多液，或 50%硫菌灵可湿性粉剂 800 倍液，或 65%代森锌可湿性粉剂 600 倍液，连续喷 3～4 次，对菊花褐斑病有较好的控制作用。

8. 切花菊立枯病侵染的症状是什么？

立枯病主要危害刚刚定植的切花菊幼苗和刚刚扦插的插穗，发病症状为叶片萎蔫，茎与地面接触部分腐烂变细，根系逐渐发黑，小苗逐渐干缩，最后枯死。

9. 切花菊立枯病病原菌及如何防治?

切花菊立枯病病原菌是立枯丝核菌,病菌以菌丝体或菌核在土中越冬,并可在土中存活 3～4 年。菌丝可直接侵入寄主,通过灌溉水、雨水或农事操作传播蔓延。病菌发育适温 24℃～26℃,最高 42℃,最低 13℃,适宜 pH 为 3～9.5。土壤过湿,温度偏高,有利于所有病害发生;当切花菊栽植过密,行间光线不足时,病害较重。

【防治方法】 主要是土壤消毒,按照白锈病的土壤消毒方法,进行土壤和基质消毒,可以有效地预防立枯病的发生。如在田间发现立枯病侵染可使用 50%立枯净可湿性粉剂 800～900 倍液,或 10%噁霉灵水剂 300 倍液,或 20%甲基立枯磷乳油 1 200 倍液等喷雾均可,每隔 5～7 天喷 1 次,根据病害防控情况确定喷施次数。其次,合理控制栽植密度,加强通风,防止温度过高,并做好排水。在扦插繁苗时,高温季节应选用排水较好的基质,如珍珠岩和沙子。

10. 切花菊灰霉病侵染的症状是什么?

灰霉菌侵染花器,产生水渍状褐色病斑,湿度大时,病部生浅灰黑色长毛状霉状物,底下叶片染病而腐烂。

11. 切花菊灰霉病病原菌及如何防治?

切花菊灰霉病病原菌是葡萄孢菌,它是一种真菌,喜低温(11℃～16℃)、高湿的环境。冬季供暖不足,温室密闭,湿度较高,极易发生灰霉病。

【防治方法】 生产中栽植密度要适宜,一旦发现该病,应立即加强通风,降低空气湿度,同时彻底清除染病的叶片和残体。浇水时,避免直接喷洒到植株上,以减少病菌传播。发病初期喷洒 40%灭菌丹可湿性粉剂 500 倍液,或 50%苯菌灵可湿性粉剂 800 倍液,每隔 5～7 天喷 1 次,防止病害蔓延。

12. 切花菊白绢病侵染的症状是什么?

主要危害茎基部及茎部,引起根腐、茎基腐。一般先在土表茎基部发生病斑软腐,致病以上的植株部分枯黄,叶片脱落。潮湿时茎病部长出白色疏松或丝状菌丝体紧贴其上,后期在菌丝体上形成白色或褐色或黑褐色油菜籽状小菌核,小菌核散生和聚生。

13. 切花菊白绢病病原菌及如何防治?

病原菌为半知菌亚门齐整小核菌 Sclerotium rolfsii Gurzi,有性世代为担子菌,但很少出现,菌丝白色棉絮状或绢丝状。病原菌喜凉,不耐高温,6℃以下或 31℃以上不易侵染，而温暖多湿季节有利于病害发生，在湿度大、光照不足、通风不良、昼夜温差大、10℃～24℃条件下最易发生，以寒冷、阴雨、日暖夜寒、潮湿天气发生较严重。

【防治方法】 一旦发病应及时摘除病芽、病叶并集中烧毁，及时清除、烧毁枯枝败叶，以减少侵染源。加强栽培管理，增施磷、钾肥，以增强抵抗力；注意通风透光及排水，以降低周围环境的湿度，减少发病条件。在酸性土壤中施入石灰等能提高寄主的抗病性。在化学防治方面，发病初期用 97%敌锈钠可溶性粉剂 250～300 倍液，或 20%三唑酮可湿性粉剂 1 000 倍液，或 30%绿得保 300～400 倍液，或 25%氟硅唑乳油 2 500～3 000 倍液，或 30%氟菊唑可湿性粉剂 3 000～5 000 倍液，或代森锰锌可湿性粉剂 500 倍液均可，每隔 5～7 天喷施 1 次。发病后期，药剂用 75%百菌清 800 倍液，或 10%苯醚甲环唑水分散粒剂 3 000 倍液，或 50%代森铵 800～1 000 倍液，或 50%胂·锌·福美双 500 倍液，或嘧菌酯 1 000 倍液，每隔 8～10 天喷 1 次，连续 2～3 次。

14. 切花菊疫病侵染的症状是什么？

切花菊疫病的初期症状是在根颈处发病，受害部变褐，向上发展，叶片灰色，晴朗的天气常表现出萎蔫症状，染病的植株茎秆脆，茎秆表面有水渍状病斑，折断后髓部有胶状液体。茎表面出现水渍状病块，一旦发生，很难治愈。

15. 切花菊疫病病原菌及如何防治?

切花菊疫病病原菌是欧文氏菌 Erwinia,它是一种酷似大肠杆菌的细菌。在高温、高湿的条件下极易发病。不合理灌溉,或地势低洼、排水不良、重茬地、施用未腐熟带有病残体的厩肥及偏施氮肥,尤其偏施速效氮肥都能引起切花菊疫病的发生。

【防治方法】 搞好花圃卫生,收获菊花后及时清洁田园,把病残体集中烧毁或深埋。扦插时尽量不用激素溶液浸蘸,而用粉剂生根物质。采插条时用手折,而不要用刀、剪等工具,以防交叉感染。发病初期喷洒或浇灌:70%代森锰锌可湿性粉剂 500 倍液,或 60%琥铜·乙膦铝·硫酸锌可湿性粉剂 500 倍液,或 14%络氨铜水剂 300 倍液,或 77%氢氧化铜微粒可湿性粉剂 400 倍液,或 50%琥铜·甲霜灵可湿性粉剂 600 倍液。喷洒和灌根同时进行,效果更好。另外农用链霉素对切花菊疫病也有很好的效果。必要时,可加入 25%喹硫磷乳油 1 000 倍液,兼防地下害虫。

16. 切花菊根癌病侵染的症状是什么?

切花菊根癌病多发生在主茎基部或根部,形成癌状异常的增生组织。这些组织初为灰色或略带肉色,表面光滑,质软,逐渐变为深褐色,表面粗糙、龟裂,内部变为褐色腐朽状。受害植株生长缓慢,叶变小,叶片由绿变黄而萎蔫。由于瘤状物逐渐腐朽，以致根颈部分腐烂，生长停滞，直到全株枯死。

17. 切花菊根癌病病原菌及如何防治？

切花菊根癌病是由根癌农杆菌引起。害虫啃食的植株伤口、耕作时造成的机械伤口，插条的剪口、嫁接口，以及其他损伤等，都可以成为病菌侵入的途径。土壤湿度大有利于病菌侵染和发病，在地温 22℃时最适于癌瘤的形成。碱性土促进该病的发生。

【防治方法】

第一，加强检疫，对出圃或外来苗木应抛弃病株。若发现可疑苗木，可用 500～2 000 毫克/升的农用链霉素液浸泡 30 分钟，或用 1%硫酸铜液浸 5 分钟，用清水冲洗后栽植。

第二，应多施有机肥以提高土壤酸度，改善土壤结构。

第三，在进行中耕除草等操作时应尽量避免伤根或损伤花的茎蔓基部；嫁接时避免伤口接触土壤，嫁接工具可用 75%酒精或 1%甲醛溶液消毒。

第四，注意及时防治地下害虫和土壤线虫，减少植株虫伤。

第五，雨后注意排除积水，降低土壤湿度，促进花木生长，提高抗病性。

第六，及时扒开切花菊根部周围的土壤，用刮刀将肿瘤彻底切除，并用高浓度的石硫合剂或波尔多液保护伤口,以免再感染。对轻病株可用80%乙蒜素乳油300～400倍液灌根,或切除瘤体后用500～2 000毫克/升的农用链霉素,或500～1 000毫克/升土霉素,或5%硫酸亚铁等涂抹伤口。对无法治疗的重病株应及时清除并彻底收拾残根,集中烧毁处理。

18. 切花菊病毒病侵染的症状是什么?

感病的叶上出现大小不等、分布不均的坏死斑,严重者呈褐色枯斑,使整个叶片坏死脱落。感病株会变矮,切花菊重量、茎长、花径等都要受到影响。

19. 切花菊病毒病的病原及如何防治?

菊花是多年生植物,经过数年栽培后易受到菊花矮化病毒(CVB)、菊花花叶病毒、斑状枯萎病毒、花叶病毒Q、菊花缺绿斑块病毒、菊花不孕病毒的感染。

【防治方法】 使用茎尖培养的脱毒苗。带病毒的植株坚决不能作为繁殖材料;对操作工具及时进行消毒;避免植株受伤,铲除杂草等寄主,发现病株,及时拔除并烧毁;彻底防治蚜虫、蓟马、叶蝉等害虫,预防病毒的传播。

20. 切花菊细菌性叶斑病侵染的症状是什么?

感病株在下部叶片先出现椭圆形斑点,进而连接成片,之后病块扩展到叶子边缘,后入侵叶柄和茎,导致花蕾损坏。

21. 切花菊细菌性叶斑病病原菌及如何防治?

切花菊细菌性叶斑病是由假单胞菌属中的一种引起的细菌性病害。

【防治方法】 在潮湿季节先喷药,每隔5天喷1次80%高铜(三碱基硫酸铜)可湿性粉剂。

22. 切花菊炭疽病侵染的症状是什么?

菊花炭疽病主要危害菊花,分布广泛。叶片上的病斑为圆形,茎部病斑为椭圆形。病斑暗褐色,中央色淡,上生许多小黑点,即病原菌的分生孢子盘。发生量大时,病斑汇合,茎叶迅速枯死。

23. 切花菊炭疽病病原菌及如何防治?

病原为 Glomerella cingulata (Stonem.) Spauld. et Schrenk. 北方病菌以菌丝体和分生孢子盘在病部或病残体上存活越冬,南方终年发生,无明显越冬期。

【防治方法】

第一,选用抗病的菊花品种。

第二,进行轮作或更换无病菌盆土。

第三,精心养护。平时注意通风透光,雨后及时排水,防止湿气滞留或盆土过湿。采用配方施肥技术提高抗病力。

第四，炭疽病单发地区在发病初期喷洒25%溴菌腈可湿性粉剂500倍液，或80%福·福锌可湿性粉剂600倍液，或50%混杀硫悬浮剂600倍液，或25%唑菌腈悬浮剂1000倍液，或65%多菌灵·硫酸铜钙可湿性粉剂700倍液，或50%咪鲜胺可湿性粉剂1000倍液，每隔10天喷施1次，连续防治3～4次。

24. 切花菊霜霉病侵染的症状是什么？

春季发病致幼苗弱或枯死，秋季染病整株枯死。主要危害叶片、嫩茎、花梗和花蕾。病叶褪绿，叶斑不规则，界限不清，初呈浅绿色，后变为黄褐色，病叶皱缩，叶背面菌丝较稀疏，初污白或黄白色，后变淡褐或深褐色。

25. 切花菊霜霉病病原菌及如何防治？

菊花霜霉病病原菌 Peronospora radii de Bary，属鞭毛菌亚门真菌。病菌以菌丝体在病部或留种母株脚芽上越冬，翌年春2月中旬产生孢子囊借风飞散传播，进行初侵染和再侵染，秋季9月下旬至10月上旬又发病，该病多发生在年平均温度16.4℃、春季低温多雨的山区，秋季多雨时病害可再次发生或流行；连作地、栽植过密易发病。

【防治方法】

第一，加强肥水管理，防止积水及湿气滞留。

第二，春季发现病株及时拔除，集中深埋或烧毁。

第三,发病初期开始喷洒72%霜脲·锰锌可湿性粉剂600倍液,或69%烯酰吗啉·锰锌可湿性粉剂800倍液,每隔10天左右喷施1次,共施2～3次,采收前3天停止用药。

26. 切花菊花枯病侵染的症状是什么?

花瓣顶端产生浅褐色斑,常向下扩展,致头状花的病花瓣从外层向内层蔓延,最后全花变色枯萎。

27. 切花菊花枯病病原菌及如何防治?

该病是由真菌引起的病害,病原菌为花枯锁霉。花枯病病原菌在病花残体上生存,成为该病的侵染源。病原菌5℃～25℃均可生长,以20℃～25℃为最适温度。秋雨多易发病,重瓣大型花受害重。

【防治方法】

第一,园艺防治。发现带菌病株要立即处理,对可疑的繁殖材料需在检疫花圃内试种观察;发现病花或病株应马上深埋或烧毁;要注意控制棚室中的湿度,灌溉以采用滴灌为好。

第二,药剂防治。出现发病苗头时喷洒80%代森锰锌,或敌菌丹可湿性粉剂600倍液,或70%代森锰锌可湿性粉剂500倍液,或50%苯菌灵可湿性粉剂1 000倍液。每隔7～10天1次,共施2～3次。

28. 切花菊叶斑病侵染的症状是什么？

该病从植株的下部叶片发生，叶片上病斑散生。初为褪绿斑，而后变成褐色或黑色，病斑逐渐扩大成为圆形、椭圆形或不规则状。直径2～10毫米，逐渐扩大增多，从植株下面向上蔓延，严重时病斑连成片，叶干枯下垂，倒挂于茎上，影响整个植株。

29. 切花菊叶斑病病原菌及如何防治？

切花菊叶斑病病原菌菊尾孢 Cercospora chrysanthemi Heald et Wolf，属半知菌亚门真菌。以菌丝体和分生孢子丛在病残体上越冬，以分生孢子进行初侵染和再侵染，借气流及雨水溅射传播蔓延。通常多雨或雾大露重的天气有利于发病。植株生长不良，或偏施氮肥长势过旺，会加重发病。

【防治方法】

第一，农业防治。适时灌溉，注意清沟排渍，避免偏施氮肥，适时喷施植宝素等，使植株健壮生长，增强抵抗力。结合采摘叶片收集病残体，携出田外烧毁，减少传染源。

第二，药剂防治。发病初期开始建议喷洒40%硫磺·多菌灵悬浮剂500倍液，或75%百菌清可湿性粉剂1000倍液加70%甲基硫菌灵可湿性粉剂1000倍液，或50%异菌脲可湿性粉剂1500倍液，或60%琥铜·乙膦铝可湿性粉剂500倍液，隔10～15天1次，连续防治2～3

次。采收前 7 天停止用药。

(二)切花菊的虫害及防治

1. 按照害虫对切花菊的危害方式可将害虫分为哪 2 类?

按照害虫对切花菊植株的危害方式可将害虫分为刺吸式害虫(如蚜虫、白粉虱、红蜘蛛、蓟马等)和咀嚼式害虫(如菊虎、金龟子、菜青虫等)2 类。

2. 蚜虫的危害症状是什么? 怎样防治?

蚜虫危害在切花菊生产中最为普遍,常聚生于植株顶端的嫩叶、嫩茎与花蕾上,用口器吸食汁液。叶茎受害后生长缓慢、发黄、变形,生长点矮缩变小。现蕾开花期则集中危害花梗和花蕾,开花后还危害花蕊,并进入管状花瓣,致使花蕾变小,易脱落,开花不够鲜艳,早凋谢。危害严重时蚜虫分泌的大量蜜露使枝叶和花朵变成黑色,严重影响切花的品质,甚至失去商品价值。另外,蚜虫作为病毒的重要携带者,很容易将各种病毒传给菊花,并使病毒在不同的植株间传播。而在实际生产中,特别是露地栽培菊花,在菊花植株上常常会出现蚜虫和蚂蚁并存的现象。这是因为蚜虫会排出蜜汁,而蚂蚁很喜欢这种蜜汁,于是蚂蚁常常把蚜虫搬到菊花植株上,让它们生产蜜汁供自己食用,蚂蚁为蚜虫提供保护,赶走天敌。

【防治方法】

第一,减少虫源。及时剪除有虫枝条并及时清除杂草和落叶。

第二,保护和利用天敌。如寄生性的蜂类(丽蚜小蜂)和捕食性的瓢虫类。

第三,物理防治。温室和花卉大棚内,采用黄色黏胶板诱杀有翅蚜虫。

第四,药剂防治。蚜虫发生的高峰期在春季和秋季,种植者可在4月上旬和8月上旬提前喷施灭蚜威等药,防止蚜虫的发生。虫害大面积发生,严重时喷施25%灭蚜威(乙硫苯威)1 000倍液,或0.5%醇溶液(虫敌)500倍液,或50%抗蚜威可湿性粉剂1 500倍液,或10%吡虫啉可湿性粉剂2 000倍液喷施,都能起到很好的防治效果。每7天集中喷药1次,喷药时要注意温室内各个角落都要喷到,尤其是前窗部位。由于蚜虫繁殖很快,需每隔2天对温室内菊花进行检查,发现蚜虫聚集的植株,进行单独喷药,直到蚜虫被彻底消灭为止。

3. 白粉虱的危害症状是什么?怎样防治?

白粉虱常常成群聚于菊花叶片的背面,以锉吸式口器吸食植物汁液,被害叶片褪绿、变黄、萎蔫,甚至全株枯死。此外,白粉虱繁殖力强,繁殖速度快,种群数量庞大,群聚危害,并分泌大量蜜液,严重污染叶片和花朵,使菊花失去商品价值。白粉虱除本身危害菊花外,还会传播病毒病。

【防治方法】 白粉虱繁殖速度极快,因此必须严防,一旦发现,及时打药。白粉虱成虫对黄色有较强的趋性,在温室内悬挂黄板,可及时发现白粉虱在温室内的发生,诱杀白粉虱成虫。在温室内可引入丽蚜小蜂,防治效果明显,并配合使用防虫网,防止温室外面的白粉虱进入温室内。药剂防治:可喷施 10%啶虫脒乳油 600～800 倍液,或 70%啶虫脒乳油 1 000 倍液,还可使用 0.3%氰戊菊酯·马拉硫磷乳油,或氯氰锌乳油,或甲氰菊酯,或高效氯氟氰菊酯,或联苯菊酯等。每 5～7 天 1 次,并交替使用不同的药物。

4. 红蜘蛛的危害症状是什么?怎样防治?

红蜘蛛也是菊花生产的主要害虫,喜干燥偏碱的环境。红蜘蛛危害初期叶片正面有大量针尖大小的黄褐色小点,之后红蜘蛛吐丝结网,从而叶背出现红色斑块且有大量害虫潜伏其中,受害叶造成局部以至全部卷缩、枯黄甚至脱落。

【防治方法】

第一,红蜘蛛初发时,由于个体少,叶片上的斑点极小,不易发现,因此在生产中要经常细心检查植株。

第二,及时清除杂草,保持棚室卫生,合理控制棚室湿度在 60%～80%,施用酸性肥料及农药,也可经常喷施醋酸。

第三，一旦发现红蜘蛛危害，应及时摘除有虫的叶片，并喷施杀虫剂进行灭杀，摘下的叶片要远离种植地，并销毁。如不马上消灭，红蜘蛛会迅速扩散到整个温室，并产生毁灭性危害。

第四，用20%三氯杀螨醇乳油800倍液喷洒有特效，5～7天1次，效果明显。

5. 菊虎的危害症状是什么？怎样防治？

菊虎也叫菊天牛，主要危害陆地生产的切花菊。菊虎成虫长约1厘米，黑色，每年4～5月份出现，专门咬食菊花的新梢部位，沿茎周皮层以下咬成两个半环状刻线，并在咬食处产卵。卵孵化后，在茎内部向下钻空，一直达到根部。被菊虎咬食后的新梢很快萎蔫，下垂并干枯死亡。

【防治方法】 应经常在田间检查防治菊虎，发现成虫立刻加以捕杀，如发现新芽凋萎，在芽下10厘米处剪除，带到远处销毁。如发现较晚，应整棵植株拔除，并对周围的植株和地面喷施杀虫剂。可5～7天喷施1次40%氧化乐果800倍液或各种有机磷杀虫剂。

6. 蓟马的危害症状是什么？怎样防治？

蓟马是近些年在切花菊生产上危害最为严重的害虫之一，其危害特点是以成虫和若虫群集于叶片正面和背面，锉吸叶肉及汁液，被害处只残留表皮，形成白色斑，并有大量黑褐色粪便，严重的叶片呈白色且污秽不堪。受害叶片无光泽、变脆而硬，但不畸形、不脱落，直至干枯。植株生长迟缓、花小而开花推迟、甚至不开花。

【防治方法】 防治蓟马可用防虫网使棚室成为一个相对独立的空间，隔绝外面的成虫进入，还可在棚室内悬挂兰板，诱杀蓟马成虫。同时每隔 7 天喷施 1 次药剂防治，可用 1.8%阿维菌素乳油 2 000～3 000 倍液，或 15%哒螨灵(灭螨灵)乳油 2 000 倍液，或 73%克螨特乳油 2 000 倍液，或 5%噻螨酮乳油 1 500 倍液，或 50%溴螨酯乳油 2 500 倍液，或 20%螨克(双甲脒)乳油 2 000 倍液，或 5%氟虫脲乳油 2 000 倍液。

7. 潜叶蝇的危害症状是什么？怎样防治？

潜叶蝇成虫将卵产于菊花叶片的叶肉中，使叶片表面形成白色的圆点，卵孵化后变成幼虫，幼虫钻进叶片啃食叶肉。形成曲折迂回的隧道，没有一定的方向，在叶上形成花纹形灰白色条纹，俗称“鬼画符”。老熟幼虫在隧道末端化蛹，并在化蛹处穿破叶表皮而羽化。被危害的菊花叶片严重时失去光合作用的功能，即使只有白色的卵点，也不符合出口要求，这也是阻碍我国切花菊出口到国际市场的最重要原因之一。

【防治方法】

第一，当发现有受潜叶蝇危害的叶片时，把叶片摘去、烧掉。

第二，可用防虫网使棚室成为一个相对独立的空间，隔绝外面的成虫进入,在棚室内悬挂黄板,诱杀潜叶蝇成虫。

第三,在夏、秋潜叶蝇发生严重的季节,喷施杀虫剂来进行保护,及早喷,连续喷 2～3 次。由于潜叶蝇在晚上产卵,故喷药时间最好在傍晚。许多有机磷类杀虫剂如 50%辛硫磷乳油 1 000～2 000 倍液等都可以使用,每隔 5～7 天喷施 1 次,各种菊酯类杀虫剂如戊菊酯、甲氰菊酯、氰戊菊酯等效果也很好。如果已有幼虫钻进叶片为害,需要选择内吸性的杀虫剂如乙酰甲胺磷等。

8. 鳞翅目幼虫的危害症状是什么?怎样防治?

鳞翅目幼虫包括各种蛾类和蝴蝶类幼虫,刚孵化的幼虫成群聚集啃食叶片,三龄以上的幼虫(菜青虫生长 12～15 天)食量显著增加,专食菊花生长点或花蕾,将花蕾吃成孔洞。生长点被吃光后又去危害下一个植株,使切花菊完全丧失商品价值,严重影响切花菊产量。另外,幼虫排出的粪便能够污染花蕾和叶片,遇雨可引起腐烂,被害的伤口易诱发软腐病。

【防治方法】

第一,清洁田园,茬后及时处理残株、老叶和杂草,深耕细耙,并使用防虫网,尽量减少虫源。

第二,使用环保捕虫灯,利用鳞翅目成虫的趋光性捕杀成虫。

第三,在幼虫二龄前,药剂可选用 5%高效氯氰菊酯乳油 800～1 000 倍液，或 1%阿维菌素乳油 2 000～2 500 倍液，或 0.6%灭虫灵(敌敌畏和氯氰菊酯复配杀虫剂)乳油 1 000～1 500 倍液等喷雾；每隔 5～7 天喷施 1 次，在害虫二龄后，其耐药性增强，只能采取人工捕捉。

(三)切花菊的缺素症状及补救

1. 怎样判断切花菊是否缺钙?

第一，顶端叶片比正常叶片小，常出现向内侧或向外侧卷曲现象。

第二，上位叶的叶脉间黄化，从叶片边缘开始产生黑褐色枯斑。

第三，如长时间低温和日照不足条件下，遇到急剧晴天和高温，生长点附近的叶片叶缘发黄卷曲枯死。上位叶的叶脉间黄化，有时产生褐色斑。

2. 怎样防止切花菊缺钙? 缺钙后如何补救?

第一，在碱性土壤中，钙离子会被土壤固定，不能被植物吸收，应施用酸性肥料或弱酸降低土壤 pH 值(pH 值大于 7 为碱性，等于 7 为中性，小于 7 为酸性)，而在酸性土壤上表现缺钙，则为土壤钙量不足，可施用生石灰肥料补充钙源，施入量则根据土壤中缺钙情况加入。

第二，氮、钾营养过剩，能够阻碍植株对钙的吸收，因此要避免一次性施用大量的氮肥、钾肥。

第三，土壤干燥，含盐量（EC 值）太高，也可阻碍植株对钙的吸收，尤其当空气湿度小，蒸发过快，补水不足时极易发生缺钙现象，因此要适时灌溉，保证水分充足。

第四，应急措施是用 0.3％的氯化钙溶液喷洒叶面，每周 2 次。

3. 怎样判断切花菊是否缺钾？

当切花菊缺钾时，首先表现在下部和中部的叶片。在生长早期，下位叶的叶缘出现轻微的黄化，然后叶脉也逐渐黄化。在生育的中、后期，中位叶片也出现黄化现象，和下部叶片症状相同。严重时叶片边缘枯死，叶脉间褐化，叶片下垂。

4. 怎样防止切花菊缺钾？缺钾后如何补救？

切花菊栽培在砂土等含钾量较低的土壤中易缺钾，应注意钾肥的施用。单独施用堆肥等有机质肥料时，由于它们含钾肥少，当供应量满足不了吸收量时也会出现缺钾症状，所以堆肥等有机质肥料需要与钾肥或复合肥配合使用。在生产过程中要尽量避免低地温，日照不足等因素。此外，还应注意平衡施肥，避免施氮肥过多，过多的氮肥对钾吸收有拮抗作用，即阻碍吸收钾离子，从而导致缺钾。因此，在切花菊生产过程中要施用足够的钾肥，特别是在生育的中、后期，钾肥的施用量约为氮肥施用量的一半，避免氮肥过多,产生对钾吸收的拮抗作用。出现缺钾症状后,应立即追施硫酸钾。

5. 怎样判断切花菊是否缺镁?

幼苗期缺镁,植株发育缓慢,表现为矮小,全部叶片黄化;有时叶脉、叶缘残留较少绿色外,其他部位全部黄白化,但叶片不卷缩变形。菊花进入盛花期的时候,也是易缺镁时期,表现为下位叶的叶脉间变黄,发展成为除了叶缘残留较少绿色外,叶脉间均黄化。

6. 怎样防止切花菊缺镁?缺镁后如何补救?

在切花菊种植前,将土样送到专门的机构进行土壤检测,如镁肥不足,提前施用足量的镁肥,在生产中避免一次施用大量的氮、钾肥料,而阻碍镁肥的吸收,植株表现出缺镁症状后,及时施用0.5%的硫酸镁溶液,叶面喷施,每周2次。

7. 怎样判断切花菊是否缺锰?

切花菊缺锰表现为中部叶片开始失绿,并且从叶片的边缘向叶脉间扩展。严重时叶片大部分变黄,仅有主叶脉和中叶脉残留绿色。

8. 怎样防止切花菊缺锰？缺锰后如何补救？

与钙肥相似，土壤为碱性时，锰为不溶解态，不能被植物吸收，容易造成缺锰。土壤不能过酸，土壤过酸时，锰易流失，易造成缺锰。在春季干旱时，也易发生缺锰。当植株表现出缺锰症状时，可在叶面喷洒 0.1%～0.2%硫酸锰溶液，每隔 8～10 天喷施 1 次，直到缺锰症状消失为止。

9. 怎样判断切花菊是否缺硼？

切花菊缺硼，症状主要表现在上部叶片。首先，顶端叶变成黄白色，部分会产生坏死斑，并出现向外侧卷曲现象，叶缘部分变成褐色。略低于顶叶的叶片也开始出现黄白化，且从叶片中心部开始，叶脉也黄化并有萎缩现象，只有叶片边缘残留些绿色。

10. 怎样防止切花菊缺硼？缺硼后如何补救？

为防止切花菊缺硼，应避免在酸性的沙壤土上一次施用过量的石灰肥料或过多的钾肥，这些都会影响对硼的吸收，发生缺硼症。应该多施用有机肥，保持土壤湿润，土壤 pH 值不能过高，应控制在 6.5～7.5。在切花菊种植前进行土壤检测，如检测出土壤缺硼，可以预先施用硼肥，在生产过程中如发现缺硼症状，可以使用 0.12%～0.25%的硼砂或硼酸水溶液进行叶面喷施，每隔 8～10 天喷 1 次，直到缺硼症状消失为止。适时浇水,防止土壤过于干燥。

11. 怎样判断切花菊是否缺铁?

铁在植株体内移动小,所以发病症状首先表现在生长点附近的新叶上。开始时新叶除叶脉外都黄化,严重时新叶全部呈黄白色,但不出现斑点或坏死。新生长出来的腋芽也会出现叶片叶脉间黄化的现象。切花菊在干燥或多湿等条件下,如果根的功能下降,则吸收铁的能力也下降,就会出现缺铁症状。判断切花菊缺铁的关键症状是新叶的叶脉间先黄化,逐渐全叶黄化,但不出现坏死症状。

12. 怎样防止切花菊缺铁?缺铁后如何补救?

根据土壤诊断结果采取不同措施,当土壤中铁肥不足时,应提前施用铁肥,作为基肥;当 pH 值达到 6.5～6.7 时,就要禁止使用石灰而改用生理酸性肥料;当土壤中磷肥过多时可采用深耕、客土等方法降低其含量。在切花菊生产过程中发现缺铁症状,应立即叶面喷施 100%螯合铁(乙二胺二邻羟苯基大乙酸铁钠 EDDHA-FeNa)1 000 倍液,或 98%硫酸亚铁 2 000 倍液,每隔 5～7 天喷 1 次,直到缺铁症状消失为止。在进行水培时,为防止缺铁,可向培养液中添加柠檬酸铁溶液,浓度为 3～4 毫克/升,或加螯合铁溶液,浓度为 1～2 毫克/升。

13. 怎样判断切花菊是否缺锌?

由于锌在植物体内是易移动的元素,所以缺锌一般多出现在中至下位叶。切花菊缺锌时全叶黄化,并由叶片中部渐渐向叶缘发展,随着叶片的叶脉间逐渐褪色黄化,叶脉间同时产生褐色斑点,叶片硬化,而且会向外弯曲,缺锌症状严重时,生长点附近的节间缩短。

14. 怎样防止切花菊缺锌?缺锌后如何补救?

要预防切花菊缺锌,首先确保土壤 pH 值不能过高,pH 值过高(pH 值超过 7.5),即使土壤中有足够的锌,但不溶解,也不能被菊花所吸收利用。此外,应避免光照过强,避免施用大量的磷肥,菊花吸收磷过多,即使吸收了一定量的锌,也会表现出缺锌症状,影响切花菊品质。有些植株受土壤母质的影响,如蛇纹岩、橄榄岩的风化土缺锌,这种母质中含镍多,对锌的吸收有阻碍。

土壤应避免施入过多的磷肥,当出现缺锌症状后,可以施用硫酸亚锌,每 667 $米^2$用 1.3～1.45 千克,也可叶面喷施 98%硫酸锌 500～8 000 倍溶液,每隔 5～7 天喷施 1 次,直到缺锌症状消失为止。

金盾版图书，科学实用，通俗易懂，物美价廉，欢迎选购

书名	定价
常用景观花卉	37.00
草本花卉生产技术	53.00
常用绿化树种苗木繁育技术	18.00
园林花木病虫害诊断与防治原色图谱	40.00
绿枝扦插快速育苗实用技术	10.00
杨树丰产栽培	20.00
杨树速生丰产栽培技术问答	12.00
杨树团状造林及林农复合经营	13.00
银杏栽培技术	6.00
林木育苗技术	20.00
木本花卉生产技术	30.00
林木嫁接技术图解	12.00
观花类花卉施肥技术	12.00
中国桂花栽培与鉴赏	18.00
水培花卉栽培与鉴赏	20.00
三角梅栽培与鉴赏	10.00
山茶花盆栽与繁育技术（第 2 版）	12.00
小型盆景制作与赏析	20.00
盆景制作与养护(修订版)	39.00
果树盆栽实用技术	17.00
草坪病虫害诊断与防治原色图谱	17.00
草地工作技术指南	55.00
桑树高产栽培技术	8.00
桑蚕饲养技术	5.00
养蚕栽桑 150 问(修订版)	6.00
蚕病防治技术	6.00
图说桑蚕病虫害防治	17.00
说茶饮茶(第 2 版)	10.00
茶艺师培训教材	37.00
评茶员培训教材	47.00
茶树高产优质栽培新技术	8.00
茶树栽培基础知识与技术问答	6.50
茶树栽培知识与技术问答	6.00
有机茶生产与管理技术问答(修订版)	16.00
无公害茶的栽培与加工	16.00
无公害茶园农药安全使用技术	17.00
茶园土壤管理与施肥技术（第 2 版）	15.00
茶园绿肥作物种植与利用	14.00
茶树病虫害防治	12.00
药用植物规范化栽培	9.00
常用药用植物育苗实用技术	16.00
东北特色药材规范化生产技术	13.00
西南特色药材规范化生产技术	15.00
厚朴生产栽培及开发利用实用技术 200 问	8.00
天麻栽培技术(修订版)	8.00

天麻灵芝高产栽培与加工利用 6.00
肉桂种植与加工利用 7.00
农家药采集加工与应用 33.00
枸杞高产栽培技术(第2版) 10.00
枸杞规范化栽培及加工技术 10.00
花椒栽培技术 7.00
小麦条锈病及其防治 10.00
小麦病虫草害防治手册 25.00
玉米大斑病小斑病及其防治 10.00
大豆胞囊线虫病及其防治 4.50
棉花黄萎病枯萎病及其防治 8.00
柑橘黄龙病及其防治 11.50
烟粉虱及其防治 8.00
小麦病虫害及防治原色图册 15.00
水稻病虫害及防治原色图册 18.00
玉米病虫害及防治原色图册 17.00
大豆病虫害及防治原色图册 13.00
棉花病虫害及防治原色图册 13.00
绿叶菜病虫害及防治原色图册 16.00
白菜甘蓝病虫害及防治原色图册 14.00
萝卜胡萝卜病虫害及防治原色图册 14.00
马铃薯病虫害及防治原色图册 18.00
黄瓜病虫害及防治原色图册 14.50
苦瓜瓠瓜病虫害及防治原色图册 12.00
茄子病虫害及防治原色图册 13.00
番茄病虫害及防治原色图册 13.00
辣椒病虫害及防治原色图册 13.00
菜豆病虫害及防治原色图册 14.00
苹果病虫害及防治原色图册 14.00
梨病虫害及防治原色图册 17.00
桃病虫害及防治原色图册 13.00
樱桃病虫害及防治原色图册 12.00
枣病虫害及防治原色图册 15.00
山楂病虫害及防治原色图册 14.00
核桃病虫害及防治原色图册 18.00
葡萄病虫害及防治原色图册 17.00
草莓病虫害及防治原色图册 16.00
西瓜病虫害及防治原色图册 15.00